安, 캄보디아

글·사진 정의한

출판 나다

정의한

다만, 여행하는 사람. 1인 출판가

여행기

론리 페루

론리 멕시코

늦게 와서 미안해, 라오스

천천히 그러나 너무 늦지 않게, 미얀마

많이 늦었다. 명륜에게

캄보디아. 나는 무엇을 알고 있을까.

앙코르 와트 그리고 킬링필드. 캄보디아를 설명하고 크메르를 이해할 수 있는 간단하고 쉬운 두 가지. 지구상에서 만들어진 가장 불가사의하고 거대한 돌의 예술이자 조각의 최대 집합인 앙코르 와트를 만든 그들은 어떤 사람들일까. 어떤 음식을 먹고 또 어떤 말을 쓸까. 마야문화를 만들고 파괴했으며 또 밀림 속에 덮어버리고 사라진 그들, 마야인창조하고 유지했으며 파괴하고 스스로 소멸해버려 모든 삶의 과정을 정확하게 통과했던 지구상 가장 신에 근접했던 사람들. 마야문명의 중심은 앙코르와트의 위도와 거의 비슷하다. 들을 보기 위해 멕시코에 머물렀던 것처럼 난, 크메르인들이 어떤 사람들인지 알고 싶었다. 엄청나고 광대한 돌의 제국이자 왕국을 건설했다는 것은 그만큼 절대 권력에 대한 충성심이 아름다운 앙코르 와트만큼 맹목적이었다는 것이고, 한편으로는 역설적이게도 순응이라는 필연의 짐을 짊어졌다고도 볼 수 있었다. 그리고 그것은, 즉 저항하고 변혁을 꿈꾸지 못하는 국민성은 다시 현세의 크메르 루즈의 킬링필드라는 잔혹한 결과로 이어졌다.

양 극단에서 서로를 바라보고 있는 두 가지 이외에 아직 알려진 것이 많지 않은 캄보디아. 곧 크메르. 나는 그들이 보고 싶었고 그들을 알고 싶었다. 나는 무엇이든 정점에 있는 것을 좇는 편이다. 그것이란 확실히 태양과 닮았다. 앙코르 와트를 만든 크메르인들은 분명 어느 시기에 한 지점 끝에 서 있었다. 라오스와 태국, 미얀마를 다녀오고 있기에 나의 발걸음은 인도차이나 반도에 계속 이어져오고 있기도 했다.

역사적인 한파로 기록될 2012년의 겨울을 떠나기 위해선 사실, 어디든 남쪽으로 가야했다. 나는 아마 추위가 두 번째 쯤으로 싫은 것 같다.

수속을 하던 창구에서 한국인 부부가 갑자기 내 앞으로 끼어들었다. 그들은 나의 그러한 지적에 대해 비행기 자리는 어차피 다 똑같다는, 아직까지도 무슨 말인지 정확히 이해할 수 없는 해괴한 논리로 나의 입을 막았고 이후 비행기 내에서는 옆 자리에 탄 부부가 기내에서 제공되는 땅콩 봉지를 무려 서른 봉지나 얻어 괴상한 소리를 내며 씹어 먹었다. 무료로 제공되는 것은 반드시 많이 받아내고 말겠다는 어지간한 사명감이 있지 않다면 그런 근성은 사실 불가능한 일이다.

시엠립의 공항에 내렸다. 남쪽의 습기를 머금은 탓에 공기는 후텁지근했고 더위는 조밀했다. 밤 열두 시가 다 된 시간이고 거의 마지막 비행기인터라 입국수속을 받는 사람이 거의 없어 공항에서 수속하는 과정은 어렵지 않았다. 다만, 무려 열 네 명이나 앉아있던 검색대의 풍경은 인력의 균형과는 너무나 거리가 먼 불필요한 행정의 표본이었다. 그들 열 네 명이 일렬로 위치해 모든 여행자들의 여권을 그저 넘기고 넘겨받으며 마지막 관리인에게 주고는 그걸로 입국절차는 끝난다. 14인의 여권 릴레이.

마지막 입국 심사대에서 관리인은 나에게 1불을 요구했고 난 그것이 어떤 의미인지 몰라 그대로 줘버리는 우를 범했다. 돌이켜보면 관리인은 나에게 무척이나 부드러운 미소를 지었더랬다. 하지만 얼굴이 웃고는 있었지만 눈은 그렇지 않았던 것 같다. 그의 밸런스가 깨진 눈은 그래서 차갑다, 라는 표현 보다는 깨졌다, 라고 하는 편이 좋았을 것 같다. 요즘 한국인 여행자들에게 1불씩을 요구하는 관행이 거의 사라졌다고 했는데도 내가 걸려든 것을 보면 그의 자연스럽고 부드러운 연기는 진정 수준급이었다. 다시 한 번 경험해보고 싶다.

예약해 둔 숙소에서 픽업을 나왔다.
어디를 가나 첫 숙소는 가능하면 한국인 숙소에 묵는 편이다. 해당 국가의 위험한 상황에 대한 대책과 매뉴얼이 전혀 준비되어 있지 않은 상태에서 유사시에 그들로부터의 도움은 확실히 위험도를 낮춰준다.

시엠립은 불과 몇 년 전과 많이 달라져 있었다. 길가에 늘어서 있던 수많았던 가판과 길거리 식당들은 사라졌다고 말해도 좋을 정도로 정리가 되어 있었으며 호텔과 건물 사이의 좁은 골목에서 천막을 치고 몸을 팔던 어린 소녀들의 거처도 없어졌다. 그곳은 그녀, 아니 아직 그녀라는 개체 단어를 붙이기도 먼 나이의 어린 소녀들이 있어야 할 곳은 아니다. 나는 아이들에게 책임감을 가지지 않고 그저 낳기만 하는 모든 인간들을 극도로 경멸한다.

오늘 하루 동안 무려 30도가 넘는 일교차를 경험하고 있다. 한국에서 떠나올 때 입고 있었던 외투는 이곳에 내리자마자 그 자체로써 커다란 가방처럼 느껴졌다.

　나는 어디엔가 떠있는 달을 한 번 보는 것으로 캄보디아의 첫날밤을 서둘러 보냈다.

＊

　이른 새벽은 선선했다. 아무래도 여긴 겨울이다. 수 백 대의 오토바이들이 벌써부터 도로를 가득 메우기 시작했고 그 길의 끝자락에는 흙먼지가 한숨처럼 날렸다. 흙먼지는 입으로 불어도 힘없이 날아갈 것 같이 미약했고 정처 없이 떠밀렸다. 먼지가 밀릴 때 한 쪽에서 밀거나 혹, 버티는 것은 무엇일까.

　여행을 마치고 한 달 후 돌아와 머물 근처의 숙소들을 점검했고 적당한 지리를 익혔으며 아주 적은 양의 국수를 먹었다. 인천의 어느 대학에서 온 단체 봉사단을 보았으며 그들은 패스트 푸드점에 들어올 때부터 갖은 불평을 일삼았다. 어째서 저들은 한국의 불우한 어린이들과 궁핍한 노인들은 기꺼이 마다하고 해외까지 와서 봉사를 하고 있는지 전력을 다해서 궁금해 했다. 나는 이번 여행에서 앙코르와트를 계획에 넣지 않았기에 시엠립에서 빨리 나가고자 했다. 앙코르와트는 예전에 보았다. 원래 극도의 아름다운 장면이나 모습은 애써 한 번으로 마감해야 한다. 완전한 사랑이란 그래서 고작, 단 한 번이다.

여덟시. 바탐봉으로 가는 버스가 숙소 앞까지 픽업을 왔고 나는 이제 시엠립을 떠나 정식으로 캄보디아 여행을 시작한다.

나는 여행자의 모드로 전환한다.

　　첫째, 자세를 낮출 것.
　　둘째, 시야를 넓힐 것.
　　셋째, 모든 것을 받아들일 것.

나는 여행하는 사람이고 곧, 여행자다.
이것이 나의 삶이다.

여행은 단 한 번의 인생에서 두 가지의 다른 삶을 사는 것

차례

바탐봉

가학과 피학, 서커스, 미스터 필레,

그리고 나비와 숙명. 왓 바난

하늘에 올라 안개 속을 노닐고

무극을 배회하고 싶다.

바탐봉은 인구를 비롯해
여러 면에서 캄보디아 제2의 도시이자 최대의 곡창지대라고 알려져
있다. 앞으로 방문할 곳인 캄퐁참 지역과 더불어 현 정부에 가장 강력
한 지지를 보내는 강성 보수 집단의 고장이기도 하고 전쟁이 끝난 지
금도 지뢰가 가장 많이 매설된 지역이어서 다소 위험한 지역으로 분류
되기도 한다. 앙코르 와트에 사실상 지대한 영향을 주었다고 전해지는
앙코르 이전의 건축물인 왓 바난이 있기도 한 바탐봉. 곡창지대와 지
뢰 그리고 왓 바난과 제 2의 도시라는 타이틀까지 많은 상충된 이미지
들이 교차해 무언가 그림이 잘 안 그려지고 있는 곳. 게다가 17세기말

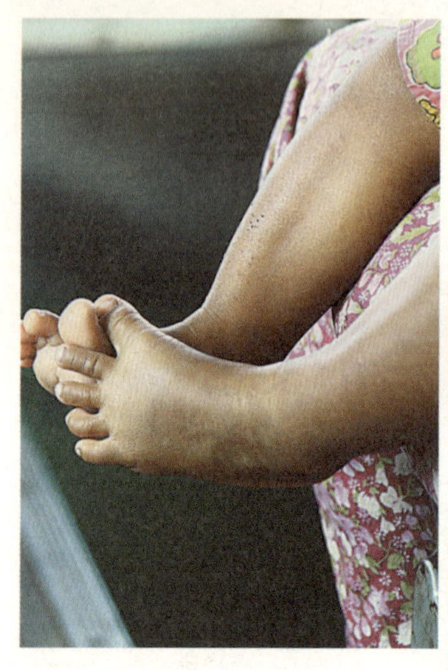

과 19세기 초까지 태국에 속해 있었던 땅.

지팡이를 잃어버렸다는 뜻의 바탐봉. 나의 첫 방문지이다.

버스 옆자리에는 무척 어려 보이는 어린 엄마와 그녀의 역시 어린 아기 그리고 그녀의 아버지로 보이는 가족이 자리했다. 그들은 모두 얼굴이 어두웠고 심지어 참담했다. 나는 왠지 캄보디아에 확실히 들어온 것 같기도 했다. 분명컨대, 그들의 얼굴은 고민이나 그 너머의 수준마저 넘은 얼굴이었다. 서로 과자를 나누는 손에는 아무런 온기나 대

화가 스며들지 않았고 과자마저 무거워 보였다. 삶에 근본적으로 고단함이 배어 있는 사람들. 난 그들과 나의 삶에 필연적인 거리가 있음을 인정하고 그들에게 연민 같은 싸구려 감정만을 가져본다. 사람들은 자신들이 아무것도 해주지 못할 때 이른바, 마음 같은 것으로 그 사람들을 위로하지만 사실 그것은 자신에게 하는 것과 조금도 다르지 않다. 창밖은 우기가 지나 건기에 접어든 캄보디아의 땅을 여과 없이 전달했다. 군데군데 평야에서 그늘하나 없이 추수를 하고 있다. 말랐고 부스러졌으며 얼마 전까지 우기를 관통했던 거대한 비와 함께 날아가 버린

생기. 대지의 몫은 어찌되었든 모든 것을 있는 그대로 받아들이는 일이다. 앞으로 내가 마주할 캄보디아의 모습들. 내가 결정하고 판단할 문제가 아닌 것이야.

네 시간 거리였지만 어째서 피로감을 느꼈는지 모르겠다. 무력감이란 표현이 어울릴지 모르겠다. 아마도 밖으로 보이는 풍경과 또 버스 안에서 보이던 모습들이 어떤 식으로든 작용을 했던 탓인가 보다. 나는 나의 표정이 들뜨지 않고 계속해서 안 좋았음을 알고 있다. 버스가 내린 주변에서 가장 쉽게 보이는 아시아 호텔로 향했다. 터미널에 내린 직후부터 나를 따라오며 호객을 하던 뚝뚝기사는 어느새 나를 전담

마크하게 된 필레라는 사내에게 자신의 몫을 내주고 쓸쓸히 돌아섰다. 이제는 삶을 살아가는 처절한 구분은 필사적인 것과 그렇지 않은 나머지 것들로 구분되어야 한다. 열심熱心같은 단어는 이제 시대를 따라가지 못한다. 죽을 힘을 다하는 또는 그런 것이 바로 필사적必死的이다. 어째서 자신이 공을 들인 손님을 순순히 필레에게 내어 주는 걸까. 필레가 좀 더 적극적이고 공격적인 자세를 가지고 있었던 걸까. 필레는 그 나이쯤이면 가질만한 노련함과 처세를 가진 얼굴이다. 내일 여러 코스를 도는 하루 투어를 필레에게 미리 예약했다.

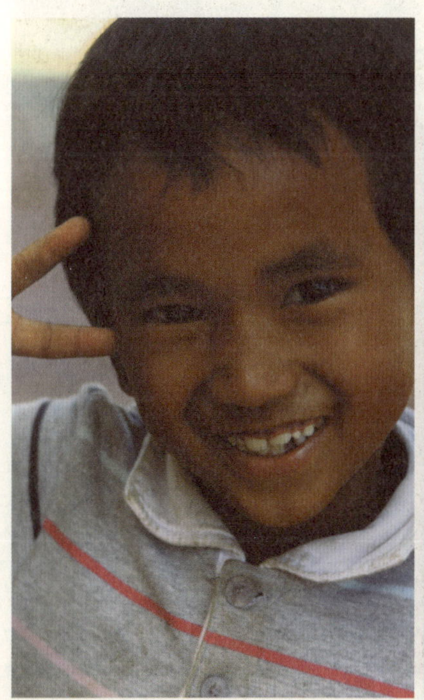

　캄보디아식 볶음밥인 바이차로 점심을 먹고 필레가 가져다 준 바탐봉의 지도를 들고 나왔다. 들어가는 내용물의 종류에 따라 1~2불 정도 하는 바이차는 앞으로 지낼 캄보디아의 두 달 동안 가장 자주 먹어야 하는 음식이 될 것 같다. 나는 이번 여행에서 한 달은 캄보디아 여행을 하고 나머지 한 달은 시엠립에서 살아볼 작정이다. 나는 일정 기간을

여행하고 반드시까지는 아니지만 그 나라에서 한 달 정도는 살아보는 편이다. 이런 여행은 여행과 생활이 적절하게 이어져 해당 국가에 대한 객관적인 복기와 애정의 여부를 어느 정도는 가늠하고 확인하게 해 준다. 나는 어찌 되었건 이제까지 뉴욕과 엘에이, 멕시코시티와 페루의 뜨루히요 그리고 치앙마이와 오클랜드에서 살아보았다.

아, 마닐라도 있다.

시내 쪽으로 걷다가 한국인이 한다는 대형 피자집을 지났고 프랑스풍으로 지어졌다는 시장을 건너 강을 따라 계속 내려가 작은 박물관까지 걸어갔다. 시장에는 앞으로 바탐봉이 배낭여행자들에게 시엠립의 대안으로 떠오를 수 있다는 단초를 보여주기도 했지만 시간은 아마 많이 걸릴 것이다. 시엠립의 박물관은 마음속에서부터 계속 거부를 해왔다. 크메르의 모든 것을 미리 볼 수 없다는 마음 속의 발로를 나는 내 스스로 깊게 이해하고 끊임없이 주입시켰다. 입장료 1불. 역시 어느 박물관이나 마찬가지로 사진이 허락되지 않았지만 나의 애절한 요구에 의외로 쉽게 허락을 해 주었다. 난 간곡하게 세 작품만 찍겠다고 했고 물론 그렇게 했다. 박물관의 크메르 여성은 그냥 시골의 아주머

니 같이 푸근했고 마당에서 무언가 채소 같은 것을 말렸다. 구석에서 묘한 어둠의 빛깔을 띠며 브라운 톤으로 빛나고 있던 부처 목각상을 제외하고 나머지 유물들은 그저 그랬다. 각도에 따라 비웃음과 눈웃음 그리고 냉소와 경배 심지어 피학과 자학이 엿보이는 부처상은 대단한 작품임에 틀림없다고 느꼈다. 나는 유물 중에 특히 사람 얼굴이 형상화 된 작품들을 대단히 좋아하는 편인데 독특하게 만들어지고 예술미가 가미된 얼굴상을 보고 있노라면 그 자체로써 하나의 위대한 장르라

고 느낀다. 그런 면에서 한국의 전통 탈이나 도깨비 얼굴 그리고 장승 같은 것들이 어째서 세계적인 한국의 대표유물이 안 되고 있는지 조금 아쉽다. 가끔 타국 지방의 소도시 박물관에는 시대를 대표하는 이런 뜻밖의 걸작이 더러 있게 마련인데, 이 부처상역시 무조건 프놈펜의 국립박물관이나 시엠립으로 가야한다고 믿고 싶지만 한편 이곳에 조용히 남아주는 것도 나쁘지 않다는 생각도 들었다.

인도의 델리나 북경의 박물관 어느 한 층의 한 구석, 한 섹션을 단 하루 옮겨다 놓은 듯한 단순 컬렉션. 하지만 난 유물 박물관이라면 이 보다 더 작아도 언제나 그곳에 살고 싶은 마음뿐이다. 게다가 난, 이곳의 단 하나의 유물도 가지고 있지 못하다.

뜨거운 거리를 걸었더니 금방 피곤해 졌다. 바탐봉에는 나무나 건물들이 많지 않아 햇빛은 거의 직각으로 떨어졌다. 더운 열기는 모든 노멀한 공기와 대기를 잡아먹으며 커다랗게 세력화해 갔다. 주위의 모든 것이 전체적으로 함께 끌어올려지고 당겨지는 것 같았고 왠지 땅도 지표면에서 조금 떠 있는 것처럼 보였다. 눈에 보일 정도로 기氣전쟁의 승부는 이미 기울었다. 땀은 그저 얼굴을 타고 흘러 바닥에 계속해서 떨어졌다. 캄보디아를 7월에 여행한다면 어떨까.

숙소로 돌아와 샤워를 한 후 약간의 조각잠을 즐겼다.
왜냐하면 저녁에 반드시 집중해야만 한 아주 중요한 프로그램이 있기 때문이었다.
그것은 서커스.

나에게는 인생에서 절대 지나칠 수 없는 몇 가지가 있다.
우선 서커스.
그리고 보니 예전 페루 여행 때도 첫 여행지인 와라스에서 천막 서커스를 본 적이 있다.
오늘 이후에는 당분간 공연이 없다는 필레의 말에 이미 모든 것을 제쳐두고 정한 것이다. 표 값은 중요하지 않았고 동물과 하는 서커스가 아니라는 필레의 부연은 그를 좀 더 신뢰감 있는 사람으로 이끌었다. 동물들과 하는 서커스는 다른 의미에서 조금 더 슬프고 아프다. 필레는 시간에 맞춰 자신의 뚝뚝을 준비시켰고 이미 충분히 어두워진 바탐봉 시내를 조금 벗어나 구석으로 뚝뚝을 몰았다. 바탐봉의 야외에 세워진 이들의 특설 무대에는 어디서 이렇게 많은 여행자들이 묵고 있는지 엄청난 수의 서구 여행자들로 가득 차 있었다.

공연이 벌어지는 천막 뒤에 있는 공간에서는 캄보디아의 서커스 키즈들이 촉수 낮은 전등 밑에서 땀을 흘리고 있

었다. 잠시 벽에 기대 그들을 바라보았다. 솔직히 캄보디아의 현재 상황으로는 조금 무리라고 생각되어지는 약 백 명이 넘는 많은 인원들이 연습에 몰두하고 있었다. 뛰고 구르고 날아오르며 떨어진다. 엎드리고 솟았다가 기울고 던져진다. 차고 저으며 딛고 돈다. 모든 인간의 동작들을 집대성한 동작의 예술이자 무언의 쇼. 결국, 몸짓의 종합.

한 쪽에서 연신 턴 동작을 하던 청년과 눈이 마주쳤다. 심하게 볶은

머리와 하얀 이 그리고 작은 얼굴에 커다랗고 검은 눈. 가슴 속에 비치던 땀과 호흡. 나는 잠시 쿠바쯤에 와 있는 착각을 느꼈다.

예술을 할 수 밖에 없는 숙명을 가졌다면 부디, 그리하여 주길.
단, 그 숙명을 완전하게 당신의 것으로 만들기를.

아직 잠자고 있는 숙명宿命은 그저 수긍하는 것 뿐 이기에 숙명의 사전적인 반대말은 없다.
이미 드러나 버린 운명은 아직 아이 같은 이야기지.

단원과 음악 감독 모두가 이십 대로 구성된 Phare Ponleu Selpak 이라는 팀. 멀리 서유럽과 프랑스에까지 알려진 유명한 팀이다http://www.phareps.org.
공연 시작을 알리는 진행자의 소개가 있고는 바로 공연이 시작되었다.

결론적으로 말하자면 고전적인 타입의 서커스는 아니었다. 연극과 음악 그리고 무용과 회화까지 녹아든 종합 공연. 참, 그것이 바로 이른 바 서커스라는 것이지.
서커스의 고전 레퍼토리들인 줄타기, 아크로바틱, 저글링 그리고 원통 굴리기등을 조금씩 보여주고 한 단원은 계속해서 커다란 캔버스에 즉흥 그림을 그려내기도 했다. 연극적인 요소와 아방가르드가 혼재된

특이한 공연. 곧바로 무대를 장악한 단원들은 분명 신이 나 있었다. 도
대체 몇 가지 악기를 다루었는지도 모를 젊은 감독은 극이 치달을 때
마다 스스로 몰입해 나가 무아의 경지에 도달하곤 했다. 음악으로써
전체적인 중심을 잡아야 할 감독의 위치에 있는 그의 자세로써는 바람
직하지 않을 수도 있지만 난 그런 그의 태도와 진행에 바로 저것이라
고 혼잣말을 했던 것도 같다. 모든 것이 조금씩 아쉬웠지만 저런 집중
력을 가지고 두 시간 가까운 공연을 이끈다는 것은 나 같은 일반인이

보기엔 거의 기적과도 같다고 생각했다. 내 옆에 앉아있던 프랑스에서 온 사내는 조용히 박수를 치더니 나중에는 혼자 일어나 여성스러운 춤을 추며 스스로 황홀함의 경지에 빠져 들어갔다. 물론 그런 그의 자세도 역시 저것이라는 찬사를 받기에 마땅했다. 나는 사람의 손동작을 통해 저렇게 나른하고 사뿐한 박수가 나오는 것을 처음 보았다. 그의 손에서 분명 노란 나비가 한 마리 천천히 날아올랐고 순간, 주위가 밝고 환하게 빛났다.

역시 삶은 한낮 가루와 같다. 나비의 숙명은 가루가 되는 것이다.
나의 삶도 그렇게 되길 바란다.

Why are you whispering at the death? 라는 그들의 메시지가 담긴 현수막이 무대로 펼쳐지고 막이 내렸다. 공연이 끝나고 사회자가 약간은 지루한 공연 소개를 마칠 때까지 오백여 명 가까운 사람 중에 단 한 사람도 객석을 떠나지 않았다. 공연이란 무대란 그리고 현장이라는 것은 역시 마지막까지 관객과 사람들과의 절절한 소통에 있음을 우리는 알아야 한다. 그것이 예술을 이해하는 가장 바람직한 우리들 즉, 고작 평범한 사람들의 자세이지 않을까.

음악을 하는 후배는 얼마 전 아주 절절하고 깊이 있는 넋두리를 나에게 한 적이 있다. 나는 그것을 음악의 한계라기보다는 음악의 자괴라고 표현하고 싶다. 후배의 밴드는 연말에 한국의 유명 마술사와의 공연 대결에서 참패했었다고 했다.

형, 음악이 마술을 넘어설 수는 없는 것 같습니다.

음악과 마술이 합쳐져 장르를 만들고 드라마까지 입힌다면 그것은 이미 차원이 다른 예술일 것이고 그것에 가장 가까운 예술이 바로 다름 아닌 서커스가 될 것이다.
Cirque de Soleil에 경배를!

온 도로를 까맣게 혹은 하얗게 물들이던 오토바이 소리들은 밤 시간이 되자 모두 사라졌다. 거리에는 어둠과 정적 그리고 약간 낡은 먼지의 기억만이 남았다. 서커스는 그 태생이 그러하듯 이내 사라져 버렸고 이미 기억 저편으로 넘어갔다.

나는 언제쯤 서커스 무대에서 멋지게 날아오를까.

하늘에 올라 안개 속을 노닐고 무극을 배회하고 싶다.
장자의 말이다.

아침에 필레가 왔다. 그의 웃는 얼굴은 이제 보니 어제 생각했던 장사꾼의 얼굴은 아닌 것 같았다. 우리는 통성명을 했다. 나는 나의 이름과 비슷한 영어 이름인 이안이라는 이름을 보통 쓴다. 캄보디아 발음으로 이안은 수줍다는 표현이라고 하는데 필레는 내가 전혀 그렇지 않다고 놀려대며 웃었다. 우리는 어제부터 확실히 가까워졌다.

이름 Phi Lay 오십 대 초반. 아버지가 중국계 캄보디안이며 프놈펜 출신. 몇 십 년 전 혹독한 크메르의 학정을 경험한, 그래서 크메르 루즈를 절대 용서할 수 없는 다섯 명의 자식을 둔 가장.

오늘 나와 함께 투어를 할 사내의 대략적인 프로필이다. 바탐봉의 몇 가지 방문지를 포함한 투어를 15불에 예약해 두었다. 뚝뚝은 20불. 모토오토바이로는 15불. 모토로 출발.

처음 방문지는 Wat Samrong Knong. 이른바 바탐봉의 킬링필드라고 명명된 곳이다.

킬링필드의 장본인들인 크메르 루즈는 캄보디아의 급진적이고 극악했던 좌익 무장단체쯤으로 해석되어 지지만, 역사란 보는 사람과 시기의 시각과 관점, 주관적인 소신에 따라 달라지므로 개인적이고 피상에 젖은 설명은 하고 싶지 않다. 나는 다만, 앙코르 와트가 가지고 있는 찬란한 거대 건축의 미美와 킬링필드가 가지고 있는 집단 학살이라는 추醜의 극단적인 대립이 궁금할 뿐이다. 너무나 극명하게 반대편에 마주하고 있는 이 둘의 대립이 결국, 캄보디아의 모든 것을 설명한다고 생각하며 이 둘의 간극을 메우는 것 역시 캄보디아의 필생의 숙제라고 생각한다.

어차피 둘 다 집단적인 광기의 산물이다. 결국, 크메르인들은 이 두 가지를 모두 이루어냈고 한 쪽은 확실히 광기를 미학으로 승화시켰다. 나는 그래서 같은 땅에서 두 극단을 탄생시켰지만 접합시키지 못한 채 표류하고 있는 크메르가 솔직히 언제든지 다시 광기를 부린다고 하여도 조금도 이상하지 않다.

필레 그 자신이 생생한 크메르 루즈의 희생자이기 때문에 그곳에 대한 그의 자세와 표정은 갑자기 달라졌다. 당시 크메르 루즈에 동참하지 않는 시민들은 모두 시골의 외곽으로 내몰렸으며 강제 노역과 비인간적인 대우를 받으며 참담한 생활을 해야만 했다고 한다. 강제 결혼, 강제 수용, 강제 이주 그리고 강제 노동. 무엇보다 강제 박탈.

들판에서 쥐를 잡아먹으며 생활했다는 그때의 상황은 솔직히 내가 가늠할 만한 수준이 아니었을 것이다. 새벽 네 시에 기상하자마자 시작되는 중노동 그리고 하루에 쌀 한 줌. 그것이 그들에게 주어진 최대의 식량이었고 먹은 것이 없는 사람들은 4~5일에 겨우 화장실을 갈 정도로 죽어갔다고 했다. 필레는 잠시 숨을 골랐고 호흡을 조절했다. 분노를 억누르려는 듯 그의 눈가가 흔들렸고 말을 전하는 성대마저 떨렸다. 다시 억지로 웃음을 찾아 이야기를 전하는 필레의 얼굴, 정확히 그의 그림자에 그때의 증오심과 복수심이 비추어졌다. 그가 느꼈을 상실, 그가 느꼈을 패배감과 분노감 그리고 우주 같은 허무. 먼저 간 사람과 살아남은 자의 아무런 연결고리가 없는 교차점인 그때의 일생. 인간은 스스로 인간이 어떻다고 증명할 수 없다. 인간은 그저 흘러가는 시간속의 점에 불과한 세포 같은 하찮은 존재이자 우울한 피조물일 뿐. 어째서 이들이 모든 동물들의 최상위에 설 수 있었을까. 성악설이 맞다.

많은 유골을 담은 탑이 중앙에 위치해 있고 그 옆에는 그 당시 크메르에 저항했거나 조금의 찬동을 하지 않았던 사람들에게 무차별하게 가했던 고문실과 감옥도 있었다. 지금은 단지 우중충한 회색의 건물이지만 난 불과 얼마 전 수많은 사람들이 죽임을 당한 그 자리에 서 있는 셈이었다. 난 약간의 명복을 빌었다.

뒤편의 학교에서 나온 아이들이 수업을 마치고 집으로 돌아가고 있다. 녀석들이 지나가고 있는 길에 어떤 것이 자리하고 있는지 솔직히 아이들에게는 설명을 하지 않았으면 좋겠다. 녀석들은 그저 뛰고, 놀고, 먹고, 자라기에도 벅찬 시간이다. 온 세상이 아이

들로만 구성될 수는 없는 것 일까. 저런 아이들에서 왜 나 같은 어른들
이라는 괴물들로 바뀌는 걸까. 갑자기 아이들이 라일락 숲속에서 아른
거린다.

스위스의 정부 차원에서 지어주었다고 하기에는 너무 규모가 작은
교량인 골든 브릿지를 지나쳐 오늘 투어의 핵심인 왓 바난을 향해 달
렸다. 바탐봉에는 왓 엑프놈이라는 또 다른 명품 유적이 있다고 했으
나 거리가 멀었고 많은 부분이 무너졌으며 필레의 설명에 따르자면 왓
바난이 훨씬 훌륭하다고 했다. 입장료 3불은 하루 동안 바탐봉의 중요
유적들을 돌아볼 수 있는 통합 입장료이다.

왓 바난

앙코르 와트12세기 초보다 시기상 먼저 지어졌기 때문에 앙코르에 절
대적인 영향을 준 것으로 평가되는 바탐봉의 상징. 입구부터 정상까지
는 일정한 높이의 많은 계단을 올라야 했다. 358개. 새까맣게 마른 다
리로 구걸을 하는 노파와 그 돈으로 음료수를 사먹으러 뛰어가는 철없
는 손자들을 지났다. 노파의 그릇에서 빠르게 돈이 사라질 때 난 또 다

캄퐁참

펭귄 오브 앙코르,

억압의 순회.

그 아이러니한 인생의 서글픈 데자 뷰.

원더 힐, 기계의 삐에로.

놈은 그 허물어짐이 더 하다고 한다. 멕시코 와하까의 몬테 알반은 똑같이 산 정상에 그것을 '건설'하였음에도 접합과 이음의 기술 그리고 구조와 기능의 역할에 약점을 보이지 않은 탓에 아직까지 빈틈없이 그것을 고스란히 유지하고 있다. 순전히 개인적인 세계 유적 올림픽에서 이집트와 인도가 이미 결승에 선착한지 오래지만 동메달의 주인공은 현재로써는 멕시코가 중국보다 조금 앞선다고 생각한다. 그리고 그래야 한다. 나의 멕시코는.

산이 많이 없는 캄보디아에서 볼 수 있는 대지의 평원. 나는 조금 전 필레가 골랐던 숨과는 다른 숨을 골랐다. 푸석한 공기가 들어왔지만 나는 침착하게 그것을 넘겼다.

어느 서구커플은 이 신성한 크메르의 유적에 앉아 담배를 피우고 있다. 나는 저들이 담배꽁초를 저 멀리 산 밑으로 긴 포물선을 그리며 던질 것이라는 데에 조금의 의심이 없다. 한국의 여행자들이 여러 곳에서 진상을 피지만 솔직히 우리나라 여행자들은 저 정도까지는 하지 않는다.

나는 왓 바난을 내려오며 혹시 내가 보았던 바난이 지금 현재의 캄보디아를 보는 것은 아닌지 오버랩이 되며 조금 씁쓸했다. 쓰러지는 것은 누가 쓰러뜨리기 전에 분명히 스스로 쓰러지지 않아야 한다는 책임도 있다. 전쟁이 그렇다.

사장의 소개라면 캄보디아에서는 유일한 와이너리를 방문했다. 일
년에 우기가 절반이 넘는 나라에서 와인을 생산한다고 하는 것은 반대
로 그 기간 외의 햇빛이 너무 완벽하거나 토양이 절대적으로 좋다는 이
야기와 다름 아니다. 실제로 바탐봉을 들어올 때 보았던 흙은 그 색깔
이 무려, 빨갰다. 규모가 크지 않음에도 이곳에 들어오기 전부터 온 공
기에 향긋한 냄새가 퍼졌다. 와인에 대해서 전혀라고 할 정도로 문외한

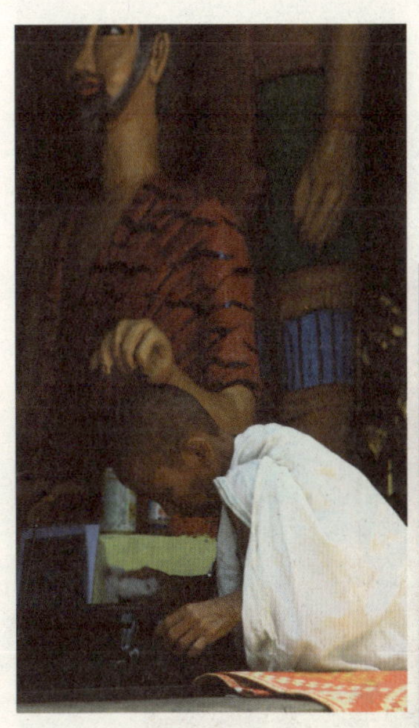

이기도 하지만 시음을 해 본 결과 어딘지 오랜 세월과 정성이 느껴지는 맛은 유감스럽게도 아니었다. 레드 와인과 브랜디 그리고 포도주스와 생강주스로 구성된 테이스팅에 2불이 필요했다. 생강주스가 제일 괜찮았다. 주인이 와인을 더 따라주는 통에 마시지도 못하는 와인을 두 잔이나 더 받아 마셨다. 낮술로 와인이 괜찮겠다는 생각은 들지 않았고 와인에 걸맞은 안주는 의외로 날 김이라는 생각을 했다.

　프놈 썸뻐으가 다음 행선지이
다. 필레는 어디선가 대추와 비슷
한 열매를 사와 우리는 입술에 붉
은 색을 입히며 사이좋게 나누어
먹었다.

　우선 수많은 계단을 올라야 했
다. '썸뻐으'는 큰 배를 뜻하고
'프놈'은 산이라는 뜻이어서 당연
히 산에 오르는 것처럼 힘들었다.
경사도 가파르고 술도 마신데다가
더웠으며 무엇보다 원숭이들마저
있었다. 한번 잘못되면 걷잡을 수
없이 판이 이상하게 돌아가게 되
는 녀석들과의 관계는 아무래도
불편하다. 원래는 동굴을 갔다가
능선을 타고 사원에 들를 계획이
었지만 그러지 못했다. 동굴로 진
입하는 아무도 없던 길에서 런던
에서 온 청년을 만났고 그 역시 동
굴 앞에서 진을 치고 있는 원숭이
들 때문에 그곳까지는 가지 못했
다고 했다. 원숭이들은 모두 손을

이어 잡고 한마음으로 나를 쳐다보고 있었다. 아무도 없는 산길에서 십 수 마리의 원숭이를 뚫고 동굴을 꼭 보러가겠다는 마음은 애초부터 없애기로 했다. 나는 조금 전에 먹었던 대추 열매를 주머니에서 꺼내 조심스럽게 뒤로 멀리 던졌다.

산의 중턱 비탈에 세워진 사원까지도 역시 많은 계단을 올라야 했다. 땀이 흡사 내리며 봄비 오듯 떨어졌다.

겉모습이 훌륭한 사원은 아니었다. 다만 그곳에서 역시 이상한 서구의 커플을 보았는데 그곳의 주지인 듯한 노승에게 자신의 선글라스를 끼우게 하고는 이리저리 포즈를 잡으라며 사진을 찍어대고 있었다. 자신들의 목적을 위해서는 우선적으로 최대한 가증스러운 미소 정도는

지닐 줄 아는 그들은 그렇게 태어났기 때문에 가능한 일인 것이다. 각국의 유럽인들이 아프리카와 여타 다른 나라들을 침략한 지도를 보면 답이 나온다. 그들은 심지어 부처님에게 기도를 마치고 일어서던 어린 소녀들에게 다시 똑같은 자세로 절을 하도록 주문하기도 했다. 소녀들은 착하게도 그들의 요구를 들어주어 다시 두 무릎을 모았으며 허리를 공손하게 굽혀 절을 했다. 그들은 물론 사진을 찍고는 바로 돌아섰다. 소녀들은 잠시 서로의 얼굴을 바라보았다. 내가 그 커플에게 한심한 미소를 짓자 그들은 이 상황이 재미있지 않느냐는 시선으로 나에게 화답했다. 나는 그래서 이 사진이라는 예술도 아니고 뭣도 아닌 장르에 아직까지 너무나 많은 의구심을 가지고 있다. 사진이 인간에게 이용당하던 인간이 사진을 이용하던 분명히 이 장르는 서로를 속고 속이며 역이용하고 있는 것이다.

킬링 케이브라는 곳에서 해질 무렵 장관을 연출한다는 박쥐들의 군무는 볼 수가 없었다. 아쉽게도 해가 질 때까지는 많은 시간이 남아 있었고 두 시간이나 넘게 오로지 박쥐만을 보기 위해 필레를 기다리게 할 수는 없었다. 해가 질 무렵 동굴에서 그야말로 쏟아져 나오는 박쥐들의 탈출 씬은 생각보다 볼만하다고 한다.

다시 조심스럽게 흙길과 일반 도로를 번갈아 달려 한참을 지나 시내로 나왔다. 오늘 달린 총 거리 만해도 적어도 100킬로미터 가까이는 될 것 같았다. 생각해보면 15불은 사실 저렴한 금액이었다.

원래 약속했던 시간보다 일찍 돌아온 셈이지만 이미 충분한 투어를 했다. 필레는 언제나 성실하게 나를 이동시켰으며 매우 조심스러운 사람이었다. 특별하게 무엇을 요구하거나 그런 여타의 행동들도 삼갔다. 나는 대체적으로 내가 됐다고 생각하면 됐다고 생각한다.

필레는 저녁시간 때 필요하다며 모토를 뚝뚝으로 바꾸기 위해 집으로 향했고 나도 따라 나섰다. 한자로 부귀평안이라고 쓰인 부적이 그의 집 정면에 붙어있었지만 필레는 무슨 뜻인지는 모른다고 했다. 부귀평안은 정말이지 인간에게 가장 현실적인 바람이 아닐까. 아들 녀석은 아버지가 일을 마치고 들어왔지만 아무런 대화 없이 자전거를 타고 어디론가 갔고 딸들만 아버지를 반겼다. 딸들 앞에서 세상의 모든 아버지는 그냥 웃고만 있을 뿐이다. 남의 집에 들어선 이상 한국인의 정서를 알려야 했기에 그들의 간이 가게에서 팔고 있는 음료수를 사서 대접했다. 그들은 지금 자신들이 파는 음료수를 돈을 받고 마시는 셈인데, 아주 이상적인 시스템이라고 생각했다. 모든 세상이 이렇게 될 수는 없는 걸까. 우리는 다시 시내로 뚝뚝을 돌려 바탐봉의 상징물인 동상으로 갔고 그곳에서 오늘 하루 투어를 마감했다.

미스터 필레.

당신의 그런 악몽 말이지.

가끔, 밤에 잠에서 깨면 당신의 옆에는 항상 당신의 부인이 있을 거야.

그 부인은 당신이 땀을 흘리고 깰 때마다 아마,

당신의 손을 잡아 줄 거야.

그때마다 필레는 한마디 하겠지.

고맙다고.

그래. 그거면 됐어.

정말 고맙다고 하면, 정말 고마운 거야.

나는 필레에게 오늘 밤 막내를 하나 가지라고 장난스럽게 얘기했고, 필레는 엄지손가락을 펴며 노력해 본다고 했다. 우리는 바탐봉에서의 인연을 마감했다.

필레를 먼저 보내고 숙소까지 걸어 돌아왔다. 무척 더웠지만 더울 때는 또 더울 때만의 걸음의 맛이 있기 마련이다. 나는 어찌되었건 걷는 것이 좋다.

사원까지 오르내리는 일이 피곤했는지 숙소로 돌아오자마자 그대로 뻗어버렸다.

바탐봉이 시작이지만 벌써부터 급하게 여행을 하고 있는 느낌이 든다.

아직까지 캄보디아 음식에 대해 여유를 가지고 주문을 할 수 없는 까닭에 저녁은 쌀국수로 해결했다. 얼마 전에 다녀 온 미얀마에서 국수에 대대적인 실패를 했기에 아주 입맛에 맞는 캄보디아의 국수는 정말이지 여행에 활력소마저 된다. 식당에 있던 많은 사람들은 외국인인 나에 대한 어떠한 호기심도 가지고 있지 않았다. 망고를 먹어야 하는데 아직 망고철이 아닌지 시장에서 망고를 볼 수는 없었다.

*

도로 쪽으로 방이 있는 까닭에 일찍 일어나지 않을 수 없는 구조였다. 바로 밑에는 버스 정류장. 새벽녘 잠결에 비가 쏟아지는 소리를 들어 자리를 박차고 나갔으나 바퀴가 달린 커다란 철문을 끄는 소리였다. 세상에는 비슷한 소리들이 의외로 많다. 제법 큰 낙엽이 뒤에서 날려 올 때는 바람에 실려 사람이 성큼성큼 걸어오는 것 같을 때가 있다. 캄보디아 첫 방문지였던 바탐봉.
나는 또 왠지 벌써부터 많은 것이 익숙해져 버린 느낌이다.

뽀삿

자기혐오, 편지, 잘 익은 사과, 톤레삽

벽에 맺힌 이슬 같은 여자

철수. 후퇴. 항복. 투항.

뽀삿에 대해서는 한국에서 부터 정보가 거의 없었다. 두어 곳의 숙소 이름 그리고 바탐봉과 프놈 펜의 사이에 위치한 작은 마을이라는 것. 바탐봉에서는 두 시간 정도 밖에 안 걸렸다. 시엠립과 프놈펜을 연결하는 노선은 톤레삽의 위쪽으로 캄퐁톰을 거치는 6번 국도의 노선이 있고 아래로 바탐봉과 뽀삿을 지나는 5번 국도의 길이 있다. 영어로는 Pursat이라고 쓰여 있었지만 현지인들은 뽀삿이라고 발음했다. 정류장은 따로 없이 그냥 길 가에 섰고 또 곧바로 떠났다. 낯선 도시의 버스 정류장에 혼자서 내릴 때 난 순간적으로 약간 무언가에 사무친다. 혼자라는 것이 대체적으로 좋지만 가끔, 아주 가끔 혼자라는 것은 사람의 단위 같은 것과는 다른 좀 더 커다란 느낌이 든다. 등에 있는 매달려 있는 배낭도 덩달아 적잖이 침울해 했다. 여행을 하다보면 배낭의 무게로부터 느껴지는 감정이 있을 때도 있다. 다행히도 비는 오지 않았다. 해가 질 무렵도 아닌 것 역시 감사해야 할 때.

혼자 내리는 것은 어쩔 수 없다. 그 정도는.

정류장 길 건너에 나름 으리으리하게 보이던 게스트하우스로 들어갔다. 더블 침대가 두 개나 놓여있는 깨끗하고 널찍한 방이 7불이다. 캄보디아는 시설대비 전 세계적으로 숙박료가 가장 싼 나라로 알려져 있다. 방 개수가 40여개가 넘는 이곳에 일반 투숙객이나 여행객은 아무도 없었다. 뽀삿은 분명 여행하러 오는 지역이 아닌 것 같다. 시엠립과 바탐봉에서 가능하지 않았던 속도의 인터넷은 지금 이곳에서 그야말로, 터졌다.

우선은 방에 들어오자마자 있는 대로 어질러 놓았다. 침대의 시트를 벗겨 흩뜨리고 배낭의 거의 모든 것들을 꺼내 놓았다. 어떤 심리가 작용하는지는 모르겠지만 숙소에 도착하자마자 있는 힘껏 방을 어질러 놓는 것이 나의 첫 일이다. 이렇게 하지 않으면 차가운 방에 유리를 안고 들어서는 것 같은 느낌이 든다. 나에게는 혼자 여행하는 이유가 너무나 많다.

밖으로 나와 우선 되는 대로 걸어보기로 했다. 숙소에는 최소한의

지도도 없었다. 뽀삿은 바탐봉보다는 분명히 덥지 않았고 조금은 시골이라고 해도 좋을 것 같았다.

수상가옥, 일명 플로팅 빌리지 방문과 바탐봉에서도 하지 않았던 뱀부 트레인 투어가 있다고 아주 적은 수의 뚝뚝 기사들이 왔지만 반나절 20불. 우선 무르기로 했다. 어디에서든 무엇이든, 특히 특별히 이해관계가 없이 여행을 하는 순수한 여행자들에게는 바가지가 없어야 하는데 가장 적절한 가격을 받아야 할 여행자들에게 해당지역의 상업적인 절차가 뒤따른다. 벌써부터 단정을 짓자면, 캄보디아에서는 그 절차가 아주 착하고 무척 순수하다.

마침 숙소 옆 식당 앞에서 프랑스인을 만났다. 가이드북을 보고 있던 그는 좀 더 저렴한 숙소를 찾으러 간다고 했고 그 역시 방금 전에 도착했다고 했다. 7불이면 사실 아주 비싼 금액은 아니지만 그는 좀 더 저렴한 숙소를 찾고자 했다. 그의 하루 숙박 예산은 5불. 2불차이라면 24시간으로 나누어서 시간당 백 원 꼴인데 아무리 자신의 예산에 맞춰서 여행한다고 하더라도 그것은 합리적인 소비가 아닌 것 같다. 그만큼 이 숙소는 훌륭했다. 그러고 보니 그의 배낭은 놀랄 만큼 작았다.

조인이 된다면 내일 투어를 같이 하기로 했다. 약속은 그냥 저녁때 길에서 오다가다 만나기로 했다. 그만큼 뽀삿은 작았다. 동쪽으로 가는 다리를 건너도 별 다른 특징이 있는 곳은 아니었다. 다리를 건너 조금만 더 가면 오히려 동네가 끝이 나는 것 같았고 나는 그 끝에 시소와

그네가 있는 작은 놀이터가 있었으면 좋겠다고 생각했다. 철물점, 미용실 그리고 몇몇의 가게들. 식당에서 미차라는 캄보디아의 볶음면을 먹기로 했다. 인스턴트 라면을 채소등과 함께 볶아내는 음식인데 시각적으로 계속해서 나를 자극해 왔었다. 맛은 아주, 좋다. 분명 당분간 바이차, 쌀국수와 함께 나의 식단을 지배해 나갈 것이다. 그 김에 맥주도 한 잔 했다. 캄보디아의 맥주는 가장 유명한 Angkor 비어를 필두로 Anchor 비어가 그 뒤를 따르는 형국이며 Cambodia 비어와 그 밖의 군소 맥주들이 후발 그룹에 위치하고 있다. 맥주 값은 우리나라 돈으로 천 원을 하지 않았고 맛도 솔직히 더 좋았다. 오늘 별 다른 계획이 없기에 사실 낮술이라도 좀 더 마시고 싶긴 했으나 낮술의 난점은 그야말로 해질녘에 불어 닥치는 맹렬한 쓸쓸함에 있음을 잘 알기에 더는 마시지 않기로 했다. 이런 곳에서 누군가가 갑자기 보고 싶어진다거나 가라앉아 버린다면 그것은 그야말로 불상사였다.

돌아오는 길은 강을 따라 내려가다 적당한 곳에서 골목길을 택했다. 라임 맛이 나던 과자 한 봉지를 샀다. 길모퉁이에서 잡다한 먹을거리들을 팔던 젊은 부부는 무엇이 그리도 행복한지 서로를 바라보는 눈빛이 행복에 넘쳐 있었다. 둘이서 끊임없이 이야기를 나누어도 지루하지 않다면 그들은 다음 생에서도 다시 만나야 한다. 나는 그들을 보고 고작 과자 부스러기를 봉지 깊은 곳에서 찾으며 입술에 묻은 라임가루를 닦아낼 뿐이었다. 갑자기 불어 닥친 바람에 잡화점의 소년은 날아가는 양말들을 온 몸을 던져 지켜냈다. 소년은 열 살이 채 되어 보이지 않았다. 그는 스스로 자신의 인생에서 책임감이 어떤 것인지 이미 찾아냈고 정확히 알고 있었다.

자신의 자리.

그것만큼 자기 스스로 반드시 찾아야 할 것이 또 무엇이 있을까. 난 녀석에게 잠시 각성 되었다. 이제 거의 수명이 다 된 커다란 검은 개 한 마리는 길바닥에 앉아 맥없이 침을 흘리고 있고 소녀들은 두 손을 잡고 조용하게 자전거와 모토를 타고 지나갔다.

뽀삿의 모든 것이 조용하게 흘러갔다.

오후 네 시.

무엇이든 알맞거나 애매할 수밖에 없는, 신이 우리에게 준 가장 안온한 시간.

햇빛이 비치는 네 시는 겨우 그러한 사월의 화창한 목요일과 비슷하다.

적당한 바람과 아주 약간의 도회 냄새 그리고 전체적인 분위기가 라오스의 우돔싸이라는 곳과 닮아 있었다. 라오스를 여행할 때 그렇게 그곳이 좋았었는데…

뽀삿에 야트막한 언덕이라도 있었으면 좋으련만.

이제 막 영업을 시작하는 가판에 앉아 주스를 시켰다. 사과와 당근 그리고 이름 모를 다른 과일에 정성스럽게 엄청난 설탕을 추가한 혼합 과일주스. 2,000리엘. 옆 자리에 앉은 미소년풍의 소년은 한국의 모든 것이 좋다며 나를 반겼다. 무척 예쁘게 생겼다. 대체적으로 내 얼굴에 불만은 없지만 나도 저런 속 쌍꺼풀은 가지고 싶다. 친구는 그 나이의 관심이 그렇듯 한국의 가수들에 대해서 많이 알고 있었다.

아카라.

친구의 설명대로 라면 '편지' 라는 너무도 아름다운 뜻의 이름을 가진 십 대 후반의 녀석그러나 나중에 알고 보니 편지는 캄보디아어로 썸봇이라고 한다. 어떻게 하면 자식에게 저런 아름다운 이름을 붙일 수 있는 것일까. 진

심 녀석의 부모가 존경스럽다. 아카라는 영어도 곧잘 했고 여성성의
가능성이 많이 엿 보였다. 전체적인 태도와 억양 그리고 눈웃음과 어
깨서부터 시작해 팔, 손목 또 손가락의 각도와 손톱의 곡선까지. 개인
적으로 선호하지는 않지만 부디 가고 싶은 길 가렴.

그 친구에게서 내일 뽀삿의 유명 관광지라는 '썸버 미' 라는 곳을

알아냈다. 돌아오는 시간은 여섯 시가 넘었다. 서서히 하루가 옷을 바꾸어 입고 개들이 슬슬 그들의 시간을 준비 할 시간.

돌아오는 길에 아까 만났던 프랑스 친구 크리스토프를 만났다. 이렇게 될 줄 알았다. 예전엔 꽤 좋아했지만 지금은 무척 그렇지 않은 한 한국의 소설가는 예전의 그의 빛나던 시절의 소설에서 '우연히 만나기'라는 이야기가 있는 소설을 쓴 적이 있다. 나는 가끔 친구들과 여행을 갈 때 이 개연성이 다분한 우연히 만나기를 시도하곤 한다.

속초 버스 터미널에서 이번 주 토요일 점심 한 시쯤에 만나자.

아, 이 얼마나 심플하고 극적인 만남이던가.

희미한 저녁시간 속에서 크리스토프와 뚝뚝 기사가 나를 용케 알아봤다. 여행자 차림의 사람은 이 뽀삿에 크리스와 내가 유일했다.

저녁시간이 되면 강가에 포장마차들이 줄지어서 여기저기 음식을 굽는 연기가 피어오르고 호객이 난무할 줄 알았는데 오히려 강물이 흘러가는 소리가 들릴 정도로 조용했다. 나는 오늘 하루 뽀삿에서 이것을 제일 기대했던 모양이다. 샌드위치와 꼬치구이 몇 개 그리고 맥주 두 캔으로 저녁을 때웠다. 점심때 마신 것까지 치면 순전히 내 의지로는 가장 많은 맥주를 마신 날이 될 것 같다. 나는 맥주를 상당히 안 좋아한다. 여덟 시가 조금 넘자 모든 거리와 상점들이 하루를 마감했다. 간간이 질주하는 대형트럭들과 까닭 없이 그 차를 쫓는 개의 무리들 그리고 도로를 영혼 없이 달리는 뽀삿의 청춘들.

내일 크리스토프는 무려 여섯 시에 투어를 시작하자고 했다. 기사는 여덟 시. 결국 뻔한 절충 시간인 일곱 시로 우리의 투어시간은 조정되었다. 나는 아직도 뽀삿 다음의 행선지를 정하지 못하고 있다. 아마 내일 밤은 절충안을 나도 내어 놓겠지.

*

　　기사인 라는 미리 나와 있었다. 라는 어딘지 삶이 팍팍해 보인다. 웃고는 있었지만 분명 삶에 많은 짐이 있는 웃음이었다. 그러게 왜 그렇게 애를 다섯이나 낳았어.

　　저렴한 게스트하우스에 묵고 있다는 크리스를 찾으러 다리를 건넜고 어제부터 일찍 오라고 하던 대로 미리 나와 있었다. 일곱 시. 투어를 시작하기에 확실히 이른 시간이었다. 출발. 십 여분을 달리자 크리스가 커피나 한잔 하자며 뚝뚝을 세운다. 나는 캄보디아 국수로 요기했다. 크리스는 분명히 뜨거운 블랙티를 주문했는데 상점의 노파는 연

유가 듬뿍 담긴 커피를 들고 나왔다. 불어 발음이 섞인 영어로 설탕은 넣지 말라는 등 장황하게 블랙티를 주문했던 것 자체가 넌센스였다. 아무도 마시지를 않고 곧 불편한 상황이 벌어질 것을 대비해 내가 그냥 마시기로 했다. 이래저래 약간 무거운 맛이었다. 라의 국수 값도 내가 냈다. 대세에 지장이 없다면 우선 마음이 편하고 보자는 것이 내 방식이다. 가게의 라디오에서는 산타나의 메들리가 흘러나왔다. 나와 거의 25년을 함께 하고 있는 한 후배는 산타나의 음악은 기쁠 때 들으면

더 기쁘고 슬플 때 들으면 더욱 슬프다고 했는데 산타나에 대한 역사
적인 표현이 아닌가 싶다. 크리스는 사람이 많고 추운 것을 싫어해 여
행을 온 나의 입장과 거의 같았다. 수많은 여행지를 다닌 베테랑. 파리
에서 그래픽 디자인 일을 한다는 그는 나와 동갑이기도 했고 3일 차이
의 같은 1월생 이었다. 자기 안에 갇혀 사는 물병자리들.

무려 한 시간 가까이 뚝뚝이를 타고 플로팅 빌리지를 들어가기 위한 톤레삽 호수의 입구에 섰다. 톤레삽. 동양에서 가장 크다는 담수호. 우기 때는 건기 때보다 무려 열 배 가까이 크기가 커진다는 캄보디아의 생명수.

어떤 후배는 자신에게는 너무나 가난한 마음으로 다가온 나라였노라고 캄보디아를 평했고 다시는 가고 싶지 않다고 고백한 적이 있다. 극도로 가난하고 그 속에서 애를 쓰는 그들의 모습을 바라보는 것에 또다시 무너지고 마는 자신. 또 그런 자신을 바라보며 아무것도 해 줄 수 없는 무기력한 자신이 투영되는 자기혐오. 그 불편한 진실의 정점이 이곳에 있다.

　쓰레기들이 온 길을 뒤덮고 비린내를 넘어 악취가 풍기는 톤레 호숫가. 미지근한 물 냄새와 습기를 담은 비린내 그리고 쓰레기에서 풍기는 역한 공기들이 묘하게 점점이 섞여 있다. 호수에서 불어오는 바람마저 가난하다. 바람은 그 호수를 어렵고 힘겹게 건너 땅에 도착하자마자 그대로 쓰러져 숨을 헐떡이다 죽어갔다. 바람의 병사들 역시 아무 말도 하지 못하고 이국에서 그대로 생을 마감했다. 나는 이 바람에 실려 온 비린내의 전장 앞에서 잠시 먹먹해졌다. 그들 삶의 끝이 고작 한참 지저분한 호수의 끝자락에 머물렀기에 난 또 서글펐다. 하지만

뜻밖에도 내가 놀랐던 것은 이곳 사람들의 미소였다. 배를 대여해 주는 남자, 그 배를 끌고 오던 처자, 배를 잡고 우리가 탈 수 있게 균형을 잡아주던 어린이 모두들. 그들은 얼굴에 최소한이나마 엷은 웃음을 띠고 있었다. 밀릴 때까지 밀려도 이것만은 지키고 싶다는 감정의 마지막 노선. 이런 환경에서 저런 삶의 자세를 가지고 살아간다는 것은 거의 기적이거나 인간들이 아직 모르고 있는 완벽한 거짓말에 가깝다. 나는 저들을 보며 환경과 인격이라는 것에 대해서 생각해 본다. 나는 아직도 어른이 되려면 멀었다.

한 시간에 8불. 조그만 나무배를 타기로 했다. 쓰레기가 떠다니는 수로를 헤쳐 천천히 마을의 중심부로 다가갔다.

사람이 사는 곳은 형태와 구조만

다를 뿐이지 그 삶의 준거 바탕은 같다.

　학교가 있고 사당이 있으며 시장과 미용실도 있다. 그 속에서 서로 밀고 밀리며 서로 당기고 당겨지고 끌고 끌리는 관계의 역학. 미워하고 사랑하며 이해하고 결국 모두 섞이는 사람들의 그림. 나는 인간들이란 동물과 대체적으로 간격을 두려고 하지만 솔직히, 결국 사람이다.

　나는 그것을 계속 부정하면서도 끝내 버리지 못하고 살고 있다.
　나는 확실히 나에 대해서 비겁하다.

막판에 톤레가 마음껏 펼쳐지는 마을의 가장자리까지 돌다 나왔다. 특별하게 볼 것이 있는 것은 아니었지만 그렇지만, 그보다 앞선 자리에 있는 혹은 나은 위치에 있는 사람들에게는 물의 깊이와 관계없이 더없이 많은 생각에 잠기게 되는 곳이다. 저들은 어째서 저렇게 척박한 삶을 사는 것이며 나는 또 무엇 때문에 저들보다 나은 삶을 살고 있는 것일까. 그리고 저들은 왜 행복한 웃음을 짓고 살고 있으며 난 어떻게 앞으로 살 것인가.

삶의 스승은 역시 현장이다. 그 현장은 여행 속에 있다.

크리스는 웃음이 별로 없는 친구였지만 대체적으로 거리감은 없었

다. 거리감이 없었던 것은 이곳에 오기 전 잠시 정차한 시장에서 친절
하게 나를 이끌며 보여주던 귀뚜라미 시식 장면과 관계가 있었다. 아주
잘도 씹어 천천히 넘기고는 나쁘지 않다고 한 크리스. 나는 크리스가
건네준 귀뚜라미를 결국, 받지 못했다. 얼마 전까지 대만여성과 사귀었
지만 헤어졌다고 했다. 나이차가 너무 많았기에 그녀가 원한 결혼은 자
신이 거부했고 아직 많은 미련이 있지만 결정은 후회하지 않았다.

아직 보고 싶은가? 에 대답으로 그는 고개를 약간 떨구며 웃었다.

그의 웃음에 순간, 그와 그녀 사이의 14개월 정도의 시간이 지나간

것 같다.

그리고 그 역시 최고의 나라로 이란을 꼽았다……나는 여행을 하며 간간이 만나는 베테랑들에게 최고의 국가가 어디 인가를 물어보곤 하는데 많은 사람들이 오로지 이란을 꼽곤 했다. 그것은 약간 신기하기 까지 하다.

나는 이란을 반드시 가고야 말 것이다. 아마 이번 생에서 혹시 이란을 가지 못 한다면 한 번 정도는 다시 인간으로 태어나도 좋다.

크리스는 이란과 더불어 좋았던, 그러니까 아주 좋았던 나라로 서 아

프리카의 모리타니와 동유럽의 보스니아를 꼽았고 최악의 국가는 서
유럽 국가들 특별히 자신의 조국인 프랑스를 꼽는데 주저하지 않았다.

이유는 단순했다.

그들은 웃지 않아.

배에서 내려 점심을 먹기로 했다. 쓰레기들이 어지럽게 날리고 비릿
하다 못해 매캐한 냄새마저 나던 호수 변에서의 식사. 썩 좋은 광경은
아니었지만 이곳에 있는 모든 사람들이 이렇게 식사를 하고 또 살아가
고 있다. 불평을 한다면, 나는 이곳에서 무엇을 원하는가.

　라는 뽀삿에서부터 음식을 싸가지고 온 모양이다. 아침에 밥을 샀을 터이니 이 더운 날씨에 몇 시간 동안 오토바이 의자 밑에 있던 밥과 반찬을 먹는 셈이었다. 바이삿 쭈륵은 밥과 생오이 그리고 구운 돼지고기가 얹힌 식사였다. 어차피 나도 비싼 음식은 안 먹으니 나와 둘이 있었다면 내가 샀었을 것이지만 같이 동행하고 있는 삼자가 있는 이상 누가 있다고 하더라도 그의 감정을 기본적으로는 인식해야 했다. 다시 뚝뚝은 달려 뱀부 트레인으로 향했다. 뱀부 트레인은 바탐봉에도 있었고 그곳은 약간 관광 상품처럼 발전했지만 이곳은 조금 덜 하다고 했다. 한참을 되돌아 달리고 다시 비포장 길을 이십 분 넘게 들어가야 한다. 비포장 길을 달린다는 것은 우기에는 가능하지 않다는 것이다. 길이 이어지는 동안에는 계속해서 삶의 끈들이 끊임없이 이어져 있었다.

바난의 정상은 증축과 개보수를 했는지 어색한 돌들의 색과 모양들이 조금씩 달랐다.

이미 기울어지기 시작해 분명히 쓰러지고 말 사원은 앙코르 와트의 최초 모델이라는 중요한 수식이 무색했다. 돌들은 여기저기 방치되어 있고 잡풀과 성의 없는 관리가 이곳을 그나마 설명해 주고 있는 것 같았다. 썩은 바람만이 위로해주고 있는 다 쓰러져가는 바난은 스스로 이제는 내려갈 때가 되었다고 생각하는 것처럼 지쳐 보였다. 왓 엑프

른 공허감을 느꼈던 것 같다. 이
럴 때는 온 세상이 아이들로만
이루어져서도 안 된다는 생각이
든다. 계단의 바깥쪽 숲에는 지
뢰의 위험을 알리는 표시가 있어
확실히 이질감을 주었다. 라오스
의 사원 같은 경우 정상까지 길
게 조성된 난간의 형상은 완전히
용의 형상을 따랐지만 캄보디아
의 경우 오래전부터 힌두교의 영
향력을 받은 터라 용의 머리는
뱀의 형상인 나가Naga로 바뀌어
있다. 아무래도 용은 중국의 것
이다. 정상의 탑들은 워낙 오래
전의 것이었기에 정교한 맛은 없
었고 얼핏 무너져 가는 것을 다
시 세운 것처럼도 보였다. 벽면
에 새겨진 압사라보통 당시 앙코르 와
트에 거주하던 궁중 무희로 알려져 있다.의
부조는 이미 깎이고 파괴가 되었
으며 허물어졌다.

　5개의 탑들로 십자로를 이룬

뱀부 트레인은 생각보다 비쌌다. 뽀삿 시내와 상당히 떨어져 있는 이 지역 주민들의 출퇴근용인데 시간이 지났으니 두 사람만을 위한다면 특별 운행비가 들 것이었다. 크리스는 모든 금액에 있어서 아주 예민했기에 자연스럽게 기차는 타지 않기로 했다. 라는 오늘 우리에게 받을 투어비에 대한 기쁨 탓인지 행상으로부터 야생 멧돼지 생고기를 한 근 샀다. 고기를 파는 아낙, 그리고 고기를 사는 라와 주변의 모든 사람들이 모두 고기가 가득 담긴 바구니를 앞에 두고 웃고 있다. 자식들에게 맛있는 음식을 먹일 아비와 어미의 웃음. 그랬기에 또 라는 아이를 그렇게 많이 가진 것이겠지.

근처의 이름 없는 사원에 들렀고 세 시쯤 돌아와 정산을 했다. 크리스는 자신의 숙소에서 잔돈 문제로 주인과 오랫동안 실랑이를 했는데 크리스는 유별나게 돈에 대해서 예민했다. 크리스는 뽀삿과 프놈펜의 중간에 있는 캄퐁츠낭으로 가려고 했지만 라로부터 설명을 들어보니 그곳은 뽀삿의 좀 더 작은 버전이랄까, 덕분에 나도 또한 캄퐁츠낭을 계획에서 제외했다. 또 다시 플로팅 빌리지를 방문할 이유는 없다던 크리스는 게다가 버스비가 프놈펜으로 가는 삯과 동일한 5불이라는 말에 또 다시 진심으로 분개했다.

프놈펜을 들러 북쪽으로 바로 올라간다던 크리스. 아마 라따나끼리에서 한 번 정도 스칠 거야. 그리고 솔직히 말하자면, 난 당신을 인도의 리쉬케쉬쯤에서 본 적이 있어. 그때 시타르를 공연하는 작은 공연장에서 그렇게 오늘같이 불평을 해 댔었지. 당신 옆에는 당신을 끊임없이 다독이던 동양 여성이 앉아 있었고. 암튼 만나게 되면 그때 또 보세.

어제의 그 주스가게로
갔지만 아직 오픈 전이라
다른 식당에서 주스와 캄
보디아 샌드위치인 놈빵
빠떼를 먹었다. 이 샌드
위치를 먹을 때 무슨 정
확한 교본이 있지 않는다
면 먹을 때마다 딱딱한
바게트 빵에 모조리 입천
장을 까일 것이다. 무슨
빵이 이렇게 먹기가 불편
한 것인지.

　　이렇게 더운 날은 조
금 낮잠을 자두는 것이 좋다. 낮잠은 하루의 가장 짧은 휴가이며 잠의
작은 조각이다. 더운 나라를 여행할 때는 아침에는 일찍 일어나고 더
위가 한창인 낮에는 숙소에서 이렇게 쉴 필요가 있다. 한 시간 정도 자
고 일어나 밥을 먹으러 가는 기본적이지만 그보다 더 단순한 여행을
즐기고 있다.

　　시장이 아닌 주스가게에서 어제부터 찾던 사과를 결국 하나 샀다.
나는 개인적으로 '사과' 라는 과일을 좋아한다. 손에 적당하게 잡히는 부피, 그 껍질의 명민함, 단어자체에서 유추되는 상냥함 그리고 빨간 이미지. 느낌도 좋고 생긴 것도 예쁘고 속 색깔도 가만히 보면 무척 특이하다. 분명히 사과속살 색이라는 색이 있어야 한다.

예전에 사랑했던 여자친구에게 '당신은 겉도 예쁘고 속까지 예쁜 사과 같은 여자' 라는 말을 한 적이 있었는데 돌이켜보면 사귀기 전이었기 때문에 꽤 먹혀 들어갔던 것 같다.

시인 이성복은 그의 시에서 '벽에 맺힌 이슬 같은 여자' 라는 표현을 쓴 적이 있는데 그 자체로써도 멋진 말이지만 이슬이고 뭐고 언젠가 사과 같은 여자만이라도 다시 내 앞에 나타나주기를 바랄뿐이다.

라는 생각보다 나이가 많았다. Van Rath. 66년생. 아이가 다섯. 계속해서 한국에 가고 싶다고 하지만 내가 무엇을 어떻게 도와주어야 할까. 김포에서 한국어 봉사를 할 때 이주 노동자들의 월급이 너무 적다고는 생각하지 않았다. 소비의 구조와 지출의 패턴을 바꾸면 충분히 돈을 모을 수 있는데 그 자리를 이주 노동자들에게 내어주고 사회에 불평만을 하는 한국의 젊은 친구들이 이해가 안 된다. 원래 불평을 하는 쪽은 자신의 책무는 항상 뒷전이다. 정말 불평을 하는 사람은 체제나 시스템을 바꾸려 한다.

24일 내일 하루 더 묵기로 했다. 크리스마스이브를 프놈펜에서 보낼 수는 없었다. 특별하게 할 일이 있다거나 볼 것이 있는 동네가 아님을 이미 알고 있지만 크리스마스이브에 캄보디아의 뽀삿이라…… 얼마나 로맨틱한가. 책이나 보면서 앞으로 올 연말의 흥청거림을 방어해야겠다. 그리고 프놈펜을 지나 마지막 날 즈음을 해변에서 보낼 이유도 없다. 나는 해변으로 가서 지친 몸을 쉬고 릴렉스를 하기에는 아직까지 캄보디아에서 한 일이 없다.

갑자기 쏟아진 밤의 폭우는 아직까지 다소 급하고 벌써부터 여유를 부리며 다니는 이번 여행에 대해 무언가 지적을 해주는 것 같았다. 호텔의 베란다로 나가 보았더니 두어 대 보이는 대형트럭의 불빛을 제외하고는 이미 모든 것이 사라지고 없었다.

적요. 갑자기 비와 함께 찾아온 한밤의 적요는 나를 조금 주저 앉혔고 조금씩 눌러갔다. 나는 점점 납작해져갔다. 왠지 약간의 건물마저 흔들리는 것 같은 미동도 느껴졌으나 기분 탓이려니 했다. 무엇보다 중요한 것은 빗소리를 들으며 잠을 잘 수 있다는 것이었지만 수상 가옥에서 생활을 하는 그들에게 이 비는 또 어떤 모습으로 밤의 손님이 되는지 궁금해 왔다. 난 나의 감정만 앞세우며 살아가기에 더 없이 유리한 나이에 접어들었거나 어쩌면 그 반대의 위치에 있기도 하다. 어쨌든 비라는 것은 아직까지 내가 아직 범접하지 못한 미증유의 영역이다. 나는 언젠가 바람과 합쳐진 그 위대한 영역에 제대로 들어갈 것이다.

*

온 마을에 울리는 독경소리인지 음악소리인지는 아침을 깨우기에 충분했다. 어제 사온 사과는 맛이 없었다. 진정 한국의 그 절도 있게 베어지는 사과가 그립다. 잘 쪼개어지는 사과는 소리마저 청량하다.

창문을 열고 뒤편의 풀숲에 먹다 남은 사과를 멀리 던졌다.

나는 중견수였고 사과는 홈으로 멀리 날아갔다.

장 폴 뒤부아의 '프랑스적인 삶'이라는 책을 읽고 있다. 나의 발음이 문제가 있었던 까닭인지 크리스는 그를 몰랐다. 이번 여행에 유일하게 들고 온 책이다. 나는 그의 약간 빈정대지만 더없이 삶을 관통하고 있는 자세와 시선이 부럽다. 물론 그는 충분히 문학적인 사람이고 고맙게도 부정적인 사람이다.

그의 구절.

나무를 자주 보게 되고 거의 그들의 언어로 말하면서, 이제부터는 사람을 찍는 것이 가장 어려운 일일 거라고 생각했다. 바람이 숲으로 밀어닥치듯이 불어올 때 문득 연중 최고 만조가 숲 한가운데를 친다고, 바다가 가까이에서 으르렁거린다고 말 할 수 있다. 나는 마치 환영처럼 들리는 파도소리를 들으며 바다의 합창이 시작될 때 몇 시간이고 그대로 있을 수 있었다.

〈출처 : 출판사 밝은 세상〉

　내일 떠나는 프놈펜으로 가는 버스표를 끊었고 얼마냐는 어제 나의 물음에 5불이라고 대답했던 처자는 오늘 나의 같은 질문을 이해하지 못했다. 길에서 다시 라를 만났다. 오늘도 아침부터 투어 일행을 기다리고 있다. 뽀삿이 여행자들에게 거의 알려지지 않았음에도 영어가 가능한 그였기에 거의 모든 투어가 그에게 집중되는 것 같았다. 주변의 기사들은 그저 라의 곁에서 남는 콜을 기다리고 있다. 그의 삶이 점점 더 나아지길 진심으로 바래본다. 어제 그렇게 내 싸구려 시계에 관심을 가졌던 라는 오늘 아침 내가 입고 온 다 떨어진 반바지를 유심히 쳐다보고 있다. 프랑스인 네 명과 수상 가옥 투어를 위해 준비하고 있다는 라. 프랑스인들이 너무 뚱뚱하다고 기름 값이 더 나올 텐데 18불이

면 너무 싸다고 걱정이다. 라의 말에 따르면 수상 가옥에서 묵어가는 방법도 있나보다. 방 하나에 5불이라고 하는데 네 명이서 5불을 지불하는 것은 이치에 맞지 않은 것 같다. 아마 훨씬 더 비싸겠지. 내가 잘못 들었을 거야.

썸뻐 미를 찾아 나섰다. 숙소 앞에서 일출을 제법 멋지게 가리던 건물은 사원이 아니고 박물관이라고 했다. 문이 조금 열려 있던 뒷길로 들어가고 나니 저 멀리 보이는 앞 쪽의 철문이 잠겨있다. 월요일. 뽀삿 박물관과는 인연이 없다. 시장을 지나 그곳까지 가는 동안 그늘이라고

는 전혀 없는, 담벼락 아래로 비스듬히 있는 것이 고작인 거리를 걸었
다. 시장 뒤편에 있는 사원에 들렀지만 무슨 이유에선지 무척 고요했
다. 아이들이 천진하게 뛰어 놀고 한 쪽 발을 저는 개 한 마리가 어슬
렁거렸을 뿐이다. 이 사원도 월요일에는 오픈을 하지 않는지 커다란
본당이 잠겨있다. 오늘 뽀삿의 거리를 걸으면서 왠지 수상 가옥에서
보다 더 탄 것 같다. 따갑다 못해 살이 아프다.

썸뼈 미는 작은 강 가운데 땅이 있는 것을 공원으로 조성해 만든 작
은 인공 섬이다. 포삿 시민들의 휴식처 같은 느낌이 나지만 아무도 없

고 아무것도 없다. 땡볕에 덩그러니 놓인 시멘트 의자들과 시하누크 전 국왕의 초상화를 걸어 놓은 탑 그리고 그 외의 건물들만이 광포한 햇빛을 고스란히 받아내고 있다. 반대편에도 무슨 건물이 있었지만 그 곳까지 가야겠다는 아무런 명분이 생기지 않는다. 그저 잠시 철거 직전의 어느 아파트의 옥상에 올라갔다가 내려온 느낌일 뿐이다. 너무나 더워 무작정 식당으로 들어갔고 아무런 허기도 없는데 국수를 시켰다. 몇 젓가락을 뜨니 벌써 땀이 흐른다. 다시 아이스커피를 주문. 서빙을 하던 이 식당의 아마 둘째 딸쯤 되는 처자는 사근하며 귀엽다. 이 더위에 검은 색의 목 폴라 스웨터를 입고서 그들에게는 겨울인 이 계절을 지내고 있다.

참고로 시하누크 전 국왕은 두 번의 국왕 즉위를 포함해 대통령, 총리를 역임했음은 물론, 수준급의 색소폰 주자이기도 했으며 작사가와 작곡가등으로도 활약했고 자신 스스로 영화 제작자와 주연, 감독까지 맡아 한때 기네스북에 가장 많은 직위를 가진 정치인으로 등재되기도 했었다. 시하누크는 대다수의 캄보디아 인들에게 절대적으로 추앙받는 지도자였으며 정신적인 아버지였다. 영국과 일본의 국왕들은 그런 시하누크를 항상 부러워했다고 한다. 2012년 10월 15일 중국의 베이징에서 사망했다.

철수. 후퇴. 항복. 투항. 더위탈출의 사중주. 일단은 이 시간을 피해야 했다. 태양이 정점에 떠 있는 이 시간에서 어떻게든 도망을 쳐야했다. 식당에서 숙소까지 돌아오는 이 백 여 미터동안 갑자기 몸이 상한 것 같기까지 하다. 방은 4층. 고작 그 거리와 계단을 걸어오는데 삼십 분 이상이 걸린 것 같다. 나는 또다시 흐물거리며 약간 늘어지는 것 같았다.

프놈펜의 숙소 한곳에 예약을 하려다가 로비에 있는 한 사내에게서 핸드폰을 잠시 빌려 쓰게 되었다. 그가 내가 한국에서부터 정리해 온 종이를 보며 무어라 말을 했던 것은 결국 한국어였다. 특이하게 한국어는 곧잘 읽었지만 말을 하거나 하지는 못했다. 어째서 그것을 읽을 줄 아는가에 대한 답은 당연히 못 들었다. 그에 대한 보답으로 한국에서 가져온 남성용 화장품 샘플을 주었다. 로비에 있던 몇몇의 남자들이 자신에게도 달라며 신호를 보냈지만 아무런 연결 고리가 없는 상태에서 어린이가 아닌 경우 난 무엇을 주지 않고 나 역시 어떤 것도 바라지 않는다. 면도기를 사기 위해 몇 군데의 가게엘 들렀고 아마 네 번째쯤 되는 가게에서 분홍색의 면도기를 구할 수 있었다. 면도기를 설명하는 것쯤이야 기본 1단계에 속하는 것이다. 나는 항상 소금과 설탕을 구분해서 표현해 내기가 아직도 어렵다. 내 앞에서 아무런 예비상황 없이 그 둘을 정확하게 구별하여 표현해 내는 작자가 있다면 감히, 천재라고 칭송하고 싶다. 미원은 신의 세계이다.

커다란 호텔이 신축 중에 있고 아마 캄보디아에서 조만간 가장 뜨거운 도시가 될 듯한 바탐봉으로 가는 길목에 있기에 뽀삿역시 발전할

가능성이 많은 도시이다.

어제는 동쪽으로 오늘 점심은 북쪽으로 걸었기에 오후의 시간은 마지막 남은 서쪽으로 걷기로 했다. 남쪽으로는 아무것도 없는 것 같았다. 아침을 먹은 간이식당에 들렀을 때 보았던 아주 귀여웠던 꼬맹이를 보러 갔더니 식당은 이미 철수했다. 모래가 서서히 일어날 것처럼 부는 길을 따라 걸었다. 얼굴을 피하거나 옷깃을 여미지는 않았다. 이대로 이 길을 따라 올라가면 바탐봉이 나온다. 어떻게든 오늘 밤 안으로 태국으로 넘어가려는 듯 다급한 트럭들의 경적소리는 뽀삿과는 어울리지 않았다.

계속 걸었다. 걷는다는 것은 대단한 목적이나 결과를 수반하지 않는다. 단순하고 담백하며 가장 순수한 인간의 걸음, 그것은 산책이다. 산책길은 아무런 길이나 상관없다. 공장들이 밀집해 있는 지역의 텅 빈 일요일 오후, 비가 오는 월요일의 동물원. 모두 똑같다.

돌아오는 길에 강가에 있는 간이식당에 앉아 역시 크메르 샌드위치인 놈빵 빠떼로 이른 저녁을 해결했다. 쌀국수와 놈빵 빠떼 그리고 바이차와 미차로 이어지는 식단에 대해서는 언젠가 재고할 시점이 있을 것이다.

돌아와서는 며칠 동안 깎지 않은 수염을 깎기로 했다. 면도날이 잘

들지 않는 상태에서 면도를 하는 것이 얼마나 고통스럽고 대단한 작업인지 남성들은 알 것이다. 털을 뜯어낸다고 밖에 할 수 없는 그 혹독한 작업은 결국 나에게 눈물을 안겨 주었다. 면도를 마친 후 다소 날렵해졌을 것이라고 생각한 내 얼굴은 오히려 달덩이처럼 동그랗게 나타났다. 그동안 살이 빠진 것이라고 생각했지만 오히려 더 쪄 버렸다. 이런 저주스러운.

획기적인 전환점으로 나는 결단을 내릴 것이다. 일부러 배탈을 감수한다는 얘기이다.

그 길로 밖으로 나가 미차를 먹었다. 문제는 국수나 음식에 있는 것이 아니라 물이나 상당히 더럽게 유통되는 얼음에 있을 것인데 길가의 식당에서 주는 얼음물을 빨대 없이 컵 그대로 마셔버렸다. 물이 목구멍을 넘어갈 때 이미 느낌이 왔다.

나의 그 결단은 고맙게도 곧바로 현실화 되었다. 밤부터 시작된 복통은 어젯밤 내리던 폭우의 그것과 같은 소리의 폭을 갖게 되었다. 인도에서 겪었던 장엄하고 원시적인 그것과는 비할 수 없었지만 뭔가 동남아 특유의 습기 가득한 불편함. 나는 무언가에 스며드는 느낌이었다.

일곱 시 반에 떠난다는 버스는 가는 길에 계속해서 승객을 태우고 가는 바람에 그리고 정확히 두 시간 마다 쉬어가는 통에 예상보다 한 시간이나 더 걸려 다섯 시간 만인 열두 시 반에 프놈펜에 들어왔다. 예전에 잠시 들렀었던 프놈펜은 외곽지역이었던 것이었는지 현재의 프놈펜은 너무나 다르게 변해있었다. 엄청난 차량과 인파 그리고 높다랗게 지어진 신식의 고층 건물들. 하긴 내가 변하고 있으면서 남이 변하지 않았을 것이라는 착각은 극히 이기적인 것이겠지.

난 지금 프놈펜에 있다.

프놈펜

복통, 샐로스 사르,

그래서 위대한

Alternative의 프놈펜

뱃속이 아직도 조금 불편했
지만 복통이라는 것은 원래 아무것도 먹지 않으면 대체적으로 별 문제
가 없기도 한 아주 심플한 질환이어서 프놈펜까지 오는 동안에는 별
문제가 없었다. 일단은 프사 트마이센트럴 마켓 근처의 터미널에 내렸다.
어느 나라던 가장 복잡한 수도의 도심 터미널에서는 우선적으로 밖으
로 빠져 나올 필요가 있다. 그 복잡함 속에서 기사들과 흥정을 할 이유
가 없다. 나를 처음 지목했던 모토기사의 입에서는 뜻밖에 술 냄새가
났다. 맥주 냄새라고는 보기 어려웠다. 퀭하고 초점을 잃은 눈을 가진
그는 오히려 나의 어깨를 다독이며 걱정하지 말고 타라는 프놈펜식 용

기를 주었다. 알콜모토는 무언가 예술미가 없다고 생각했기에 타지는 않았다. 사거리까지 걸어 나와 평범하게 지나가는 뚝뚝을 탔고 예약을 했던 숙소까지 왔다. 마음만 먹으면 걸어서도 갈만한 거리였다. 프놈펜의 분위기는 적당했고 왠지 좋았다. 무턱대고 들뜨지도 않았고 까닭 없이 가라앉지도 않았다. 낯선 곳에서 느끼는 첫 감정은 의외로 단순한 곳에서 발로한다. 난 아마 프놈펜의 밝은 공기와 맑은 날씨가 확실히 마음에 들었던 것 같다. 12월의 프놈펜. 비가 모든 것을 걷어가 버려 많은 것이 가장 좋을 수밖에 없는 시기.

어제 예약을 하고 온 스마일리 게스트에 도착하니 내가 예약한 방은 이미 나갔다고 했다. 그럼 예약은 내가 왜 했을까. 대체적으로 다혈질인 숙소의 주인은 예약 여부에는 관심이 없었고 오로지 에어컨 방에서 묵을 것인가만 물어왔다. 예약을 하고 오지 않는 투숙객들의 책임을 애꿎은 나 같은 뜨내기 여행자들에게 돌렸다. 나는 리셉션에서 뜻밖에 약간의 책임을 뒤집어 쓴 셈이 되었다. 유명세를 탄 경우에 어째서 사람들이 이렇게 빨리 변해 가는지 정말 의문이다. 바로 앞에 있는 나린 게스트하우스로 갔더니 역시 풀이었다. 리셉션의 친구는 친절하게 약도까지 그려주며 나린 2 게스트 하우스로의 이동을 추천했다. 나는 가방을 고쳐 메고 어떻게든 이 구역을 벗어나기만을 바랐다. 어수선하고 멋없는 건물들 사이에 있는 뒷골목의 공간. 나린 2는 그리 멀지 않았다. 프놈펜에서 룸에서 인터넷이 되는 6불짜리 팬룸은 아마 몇 군데 되지 않을 이곳은 다소 구석이

고 여행자 거리와 거리가 있는 숙소였지만 이상하게 편했다. 프놈펜에는 강변 쪽이 여행자 거리라고 알려져 있고 도심 쪽으로도 나름의 여행자 거리가 있지만 결과적으로 그 둘 다 피할 수 있어서 차라리 잘 됐다. 먼저 들른 그곳은 유명세가 있어 많은 여행객들로 북적일 것이니 나처럼 여행을 하면서 여

행자들을 피하는 이상한 성격의 사람들에게 나린 2는 알맞은 숙소였
다. 나린 2의 입구에서 만난 인도 암리차르에서 온 사내는 지금은 없어
진 한국의 오래된 맥주회사의 과장이름이 적힌 다 떨어진 명함을 나에
게 보여주었다.

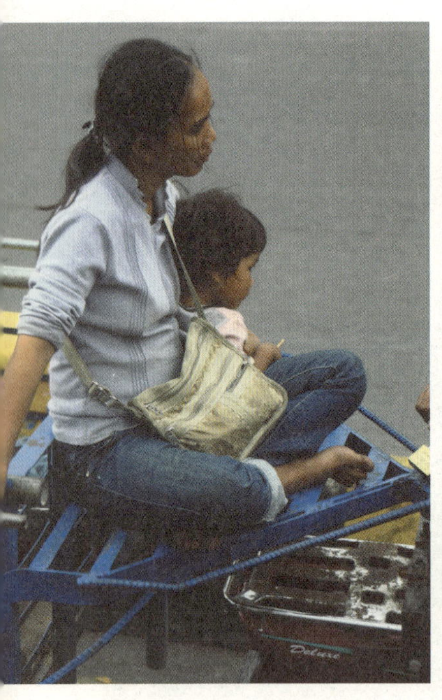

　　우선 프놈펜을 익히기 위해 밖으로 나와 보았다. 확실히 프놈펜은
화려하게 변한 것처럼 보였고 어디든지 공사 중임을 알리는 요란한 소
리가 났다. 중심거리인 모니봉 도로와 시하누크 도로가 만나는 교차점

강변 쪽으로 걷다보면 프놈펜의 독립 기념탑이 보이고 그 곳에서 다시 북쪽으로 방향을 잡으면 왕궁과 국립 박물관이 나타났다. 그리고 옆으로 이 적당히 혼잡하지만 아직도 순수하고 참한 도시인 프놈펜을 만든 톤레와 바삭이 만나 강을 이루고 있다. 파리의 센, 런던의 템즈, 프랑크푸르트의 마인. 어째서 대한민국은 한강을 이다지도 살리지 못하는 것일까. 경기도와 서울시에는 진정 한강 전담반은 없는 것일까.

왕궁으로 가는 길의 공원에는 어린 스님들이 풀밭에 앉아 조용히 서로에게 속삭였다. 어리다는 것과 불교가 만났으니 무엇 하나 넘치거나 과하지 않았다. 공원에 만발한 꽃들이 피어 있었으면 더 좋았을 것 같았다.

이 강변의 호젓함에 젖어있을 즈음 강변 씬과는 전혀 어울리지 않게 복통이 찾아왔다. 서둘러 모토를 탔다. 길모퉁이에서 밥을 먹던 사내는 내가 어두운 얼굴을 하고 행선지를 얘기하자 아직 충분히 남아있던 음식이 든 용기를 길 구석에 던져버리고 곧바로 핸들을 잡았다. 나린2까지 3,000리엘을 불렀고 내가 가고자 했던 곳까지의 비용은 그 음식 값이랑 같았지만 그는 괜찮다고 했다. 음식이 담긴 그릇이 포물선을 그리며 날아갈 때 난 복통과는 별도로 약간의 우울함을 느꼈다. 난 무엇을 했어야 했을까. 출처도 불분명한 만물의 영장이라는 인간들에게는 어째서 손이 두 개 밖에 없는 것일까.

복통 이후에는 상황과 관계없이 항상 찾아오는 허기란 놈이 있다. 마침 길 건너 행상이 팔고 있던 죽을 먹어보기로 했다. 조금 전 기사가 3,000리엘을 벌기 위해서 기꺼이 점심을 포기하며 던져버린 음식이다. 숙주나물과 선지, 돼지고기 수육 그리고 곱창과 간이 골고루 그러나 아주 작고 조금씩, 들어가 있는 캄보디아의 죽 이름은 버버. 이렇게 훌륭한 음식이 있었다니. 평소 개인적으로 최고의 해장음식으로 꼽는 것이 바로 죽이다. 죽이라는 음식은 식도부터 시작해서 마지막 종착지인

위에 도달할 때까지 그 먼 구간을 아주 꼼꼼하고 책임감 있게 그것의 소명을 다하고 결국 스스로 명멸해 가며 안착한다. 나 역시 버버를 먹으며 드디어 프놈펜에 마음 놓고 도달한 것 같은 느낌을 받았다.

길가에 있던 한국식당에프놈펜에는 한국 식당이 무려 50여 곳이나 된다고 한다. 들러 교민지를 받아 우선 프놈펜 지도부터 챙겼다. 사실 지도만 있다면 여행자는 어디든 갈 수 있다. 숙소로 돌아와 가방을 챙겨 뚜엉슬렝 박물관까지 걸어 가보기로 했다. 프놈펜의 오후는 아주 강렬하지는 않았지만 이곳이 한국보다 낮은 위도의 캄보디아임을 감안할 때 햇빛은 응당 이 정도는 떨어져 주어야 했다. 그리고 바쁘지 않은 여행자들에게

는 이 정도 거리는 걸어갈 만하다. 나는 예전에 로마를 정확히 반으로 나눠 일곱 시간을 걸었고 열 시간에 걸쳐 인도의 우다이푸르를 완전히 일주한 바 있다. 언젠가 제대로 걷고야 말 제주의 올레를 생각한다면 이 정도는 솔직히 걷는 것도 아니지. 입장료 2불.

특이하게 벽마다 낙서하지 말라는 표시와 함께 다른 주의표시가 있다.

웃지 마시오.

뚜엉슬렝.

킬링필드 당시 무고한 시민들을 감금, 고문하고 가차 없이 죽음으로 내 몰았던 캄보디아의 아우슈비츠. 원래는 여자 고등학교였던 이 건물은 2,000명이 들어가서 불과 여섯 명만이 살아나온 지옥에서 가장 가까운 입구였다. 공부를 하는 교실이 고문과 사형 집행실로 바뀐 드라마틱한 현장. 손이 곱다는 이유로, 얼굴이 하얗다는 이유로, 안경을 썼다는 이유로, 외국어를 할 줄 안다는 이유로 수많은 사람들이 죽임을

당했다. 의사, 박사, 기술자, 선생님들도 모두. 대중가요를 부른 가수들도 모조리 처형. 세계에 극악무도한 살인정권과 독재자가 수도 없이 많지만 폴 포트의 그 다양하고 집요한 학살의 행각은 정말이지 인간 세상의 일에서 본 적이 없는 것 같다. 하지만 세계 권력자의 학살 순위에서 폴 포트는 겨우 7위에 위치해 있다. 폴 포트의 뒤에 김일성이 있고 가장 맨 윗자리에 마오쩌뚱이 있다. 이 시기에 많은 우수 두뇌들이 사라져갔기에 현 시대의 캄보디아의 발전 상황이 이토록 더디다고 얘기하는 혹자도 있다. 가난과 불우한 환경 그리고 마음의 바탕 없이 사상으로만 몰고 간 샐로스 사르 폴 포트의 본명이며 폴 포트는 영어의 Political Potential 또는 프랑스어 Politique Potentielle의 줄임말이다. 의 지독한 자기연민. 폴 포트는 과도한 자의식과 왜곡된 소외감을 내면에서 가다듬지 못했고 서로 너무나 다른 자아들의 전쟁에서 결국 진 셈이다.

얼핏 보아도 어딘지 울고 있는 것 같던 잿빛의 건물은 분명히 아직도 고통스러워 보였다. 화창한 날이었음에도 건물의 외벽은 어둠의 안쪽으로 서서히 흘러 내려가는 것처럼도 보였다. 분명히 피가 응고되어 본드처럼 흘렀다.

인간의 잔인함은 과연 어디까지일까. 잔인함의 역사가 아직도 세계 도처에서 일어나는 것을 보면 글쎄, 결국 인간을 구원할 수 있는 것은 인간 이외의 것이지 않을까. 인간과 사상 그리고 종교와 민족 게다가 신념과 아집이 한꺼번에 만날 때 우리는 항상 스스로 궤멸해 나아가 끝내는 출구를 닫아 버리고는 스스로 커다랗게 자폭한다.

인간의 정의. 인간에 대한 해석. 인간은 언제쯤 자신들에 대해서 스스로 증명할 것인가.

나는 자폭하기 전에 스스로 산화할 것이다.

박물관 내부에는 그 당시 고문에 쓰였던 각종 도구와 여러 가지 물품들이 거의 원형 그대로 보존되어 있다. 그들의 혼기가 서린 벽 앞에서 그리고 여러 곳에 전시되어 있던 숨져간 사람들의 얼굴들 앞에서

나는 그렇게 그냥 서 있기만 했다. 사진 속 모든 사람들의 얼굴이 죽음을 앞두었다거나 극도의 공포감에 사로잡힌 얼굴이 아니었음을 알아차릴 때 그들은 정말 아무것도 모른 채 생을 마감했을 것이었다. 예비 없는 죽음은 가장 잔인할까 가장 인도적일까.

3층 비디오 실에는 당시의 상황을 여러 자료를 통해 비디오로 보여주고 있었고 서구의 여행자들은 그들의 조상들이 세계 각지에서 수백 년간 해 왔던 일들을 아주 자연스럽게 보고 있다.

근처의 커피 집에 앉아 아이스커피를 마시다가 삼겹살이 무제한 제공된다는 한국식 정육식당의 광고를 발견하고 곧바로 그곳으로 가기로 했다. 뚜엉슬렝과 삼겹살은 솔직히 서로 간에 너무나 먼 대상이었지만 내 본능은 스스로 억지를 발동했다. 복통이 아직 절절하게 남아있지만 난 이렇게 중요하지 않은 부분에서 기꺼이 이유를 찾아내곤 한다. 다소 거리가 있었지만 도시를 관통해 걷는 것은 나름, 도시의 산책이라고 해도 좋을 정도로 산책미가 있다. 나에게는 인도의 델리가 특히 그랬던 것 같다. 우선 몽디알 센터라는 곳까지 가야했는데, 길에 있는 어느 누구도 나의 그 어설프고 부정확한 발음을 알아듣지 못했다. 지도를 보여주었지만 그들은 지도를 보

면서도 프놈펜의 대략적인 위
치들은 모르는 것 같았다. 내가
관심이 없는데 상대방이 물어
보는 것에 대하여 답을 할 필요
가 없다는 것을 깊게 이해하고
있기에 나는 그냥 다시 걷기로
했다.

　　지도상에 나와 있는 거리 넘
버만 알면 쉽게 찾아갈 수는 있
지만 거리의 그 요란한 무질서
는 주의해야 했다. 하지만 무질
서 속에서도 마치 시스템처럼
움직이던 프놈페너들의 질서
는 진정 감동적이었다. 자꾸 인
도와 비교를 하게 되는데, 인도
의 질서는 무질서에 가깝고 프
놈펜의 무질서는 질서에 가깝
다고 정의하고 싶다. 이 정도의
거리 환경에서 이렇게까지 경
적소리가 들리지 않는 것은 솔
직히 프놈페너들의 대단한 업

적이다. 가만히 눈을 감고 있어보면 고작 몇 번의 경적소리만이 울리는 프놈펜을 알 수 있다. 조용하고 심지어 고요한 그 절대배려의 도심. 베트남과 절대비교 대상이다. 그리고 프놈펜에는 유난히 일제 고급차들이 많았다. 2차 대전 이후에 잠시 동안의 일본 점령기가 있었고 전후 복구사업에 참여한 대가로 엄청난 수의 일본차들이 무방비로 캄보디아로 들어왔다고 한다.

식당은 아직 영업시간 전이라 바로 앞에 있는 몽디알 센터로 가 보았다. 대단한 센터는 아니고 엄청나게 큰 회장 같은 것처럼 보였는데 지금은 영업을 안 하는 것도 같았지만 프놈펜에서는 알아주는 결혼식장이라고 한다. 너무나 더웠기에 될 대로 되라는 식으로 사탕수수주스를 사 마셨다. 복통보다 갈증이 더 아팠다. 오후 다섯 시가 넘었는데도 하루는 아직도 뜨겁다. 떡 엄빠으 라는 사탕수수 주스는 1,000리엘. 위생을 고려한다면 아주 깔끔한 음료수는 아니지만 약간 중독성이 있을 것임을 순간 깨닫는다.

　한국식당으로 간 것은 삼겹살 뷔페가 이유만은 아니었다. 정확하게 구분을 하자면 한국 음식이 먹고 싶어서였고 더 확실하게 하자면 마늘이 먹고 싶어서였다. 생마늘. 고작 일주일 정도 밖에 한국음식을 먹지 않고 있지만 그보다 앞으로의 3주를 대비할 필요는 적어도 있었다. 예전에 중국의 서북쪽 끝 우루무치라는 곳엘 간 적이 있었다. 저녁 무렵에 도착한 나는 밤 열두 시가 다 되도록 해가 지지 않는 백야라는 것을 처음 경험했고 위구르에 대해서도 새롭게 알게 되었으며 물론 머리가 통째로 삶아져 나오는 양고기도 먹어보게 되었다. 지금은 여러 가지

사정으로 신문에도 자주 등장하는 뜨거운 도시가 되었지만 십 몇 년 전만해도 우루무치는 그야말로 중국이라는 나라와는 완전히 이질적인 위구르 즉, 무슬림들의 도시였다. 당연히 그때는 평화로웠다. 나는 아직까지 우루무치 여행에 아주 좋은 기억을 가지고 있다. 병마총이 있는 시안보다도.

암튼 그때 시장을 걷다가 조선족 식당을 발견했다. 조선족이 어떤 사연이 있어 이 중국의 구석, 그것도 연변지역과는 정반대 지역의 후미진 곳에서 장사를 하고 있었는지는 모르겠지만 '조선 불고기 왕'이라고 주황색과 연두색으로 코팅되어있던 다소 어색하고 조악했던 글자는 당연히 나를 그곳으로 이끌었다.

나는 자리를 배정받고 불고기 1인분 그리고 된장찌개를 주문했다.

목이 말랐기 때문에 물을 달라는 신호를 보내던 찰나, 종업원이 물보다 먼저 나에게 가져다 준 것은 다름 아닌 생마늘과 된장이었다. 역시 사과 속 색깔처럼 맑고 투명한 생마늘과 투박해 보이지만 은근한 색감의 된장이 상 위에 놓이자 나는 잠시 울컥했다. 마늘. 한민족을 이어주는 최고의 음식의 끈. 글쎄 아직 전 세계의 모든 나라를 다녀보지 않았지만 한국처럼 음식에 토마토를 쓰지 않는 나라도 없거니와 이렇게 마늘을 생으로 먹는 나라도 거의 없지 싶다. 같이 주문한 된장찌개는 거의 바가지에 담긴 것처럼 나왔다. 김치는 기억나지 않는 것을 보니 시원찮았지만 100%의 거짓말을 조금 보태자면 솔직히 나는 아직도 그때의 그 알싸한 생마늘 맛을 정확히 기억한다. 과일처럼 달콤하며 꽃처럼 향기롭고 모든 완전한 사랑의 관계가 다 그렇듯 시큰하고 때론

텁텁하며 오랜 기간 입속에 남아 긴장감을 주기도 하는 마늘. 난 마늘
이 진정으로 한국인들만의 전유 음식이 되었으면 한다. 한국의 태극기
에 마늘을 넣을 수는 없는 걸까.

　돌아오는 길은 모토를 타고 왔다. 프놈펜의 밤이 다 된 시간, 다시 그
먼 길을 걸어 돌아올 수는 없었다. 그냥 습관적으로 마이 프렌을 외치
던 나에게 모토기사는 정말 나를 친구로 생각하느냐고 그 어정쩡한 사
거리에서 진지하게 물어왔다. 가로등 불에 비친 그의 눈빛은 심지어
젖어 있었다. 그는 자신에게 친구라는 말을 한 사람을 아마 십 대 이후

에 처음 들어봤을 것이다. 나는 물론 우리는 친구라고 했고 어깨를 토닥여 주었다. 그 기사는 그 기념으로 내릴 때 우리의 우정을 깊이 간직하고 싶었는지 잔돈을 거슬러주지 않았다. 친구끼리는 무릇 돈 관계 같은 것은 따지지 말아야 하는 것이었을까.

나린 2는 물론 조용했다. 대체적으로 많은 여행자들은 가이드북에 나와 있는 숙소에서 잠을 자고 추천된 식당에서 식사를 하며 주어진 매뉴얼대로 여행을 한다. 덕분에 유명세와는 상당한 거리가 있는 이곳은 밤에도 여행자들이 거의 없었다. 크리스역시 그런 곳은 우선적으로 피한다고 했다. 크리스는 지금 아마 어디엔가 있겠지. 밤이 다 되었는데도 아직도 덥다. 아까 한국 식당 사장님의 얘기대로라면 오늘은 심지어 시원하다고 했다. 앞방의 밴쿠버에서 왔다는 카우보이 신사는 밤 열 두 시가 넘었는데도 아직 귀가 전이다. 이 악명 높다는 프놈펜의 밤 거리에서 무얼 하고 있는 걸까. 조금 전 콜라를 사러 나가려고 하니 리셉션에서 말린다. 오토바이가 뭐든 채 갈수 있으니 웬만하면 나가지 말고 나가더라도 가방은 꼭 잘 매라는 충고와 함께.

복통에 쥐약인 삼겹살과 소주를 마시고 차가운 물을 마셔댔으니 난 나에게 벌을 내린 셈이 되었다. 덕분에 고대하던 턱선은 날렵해졌지만 하루 종일 아무것도 할 수가 없었다. 원래 오늘은 예전 프놈펜 이전의 수도였다는 우동이라는 곳을 가려고 계획했지만 이 변수 가득한 뱃속의 상태를 봐선 내일로 미루고 오

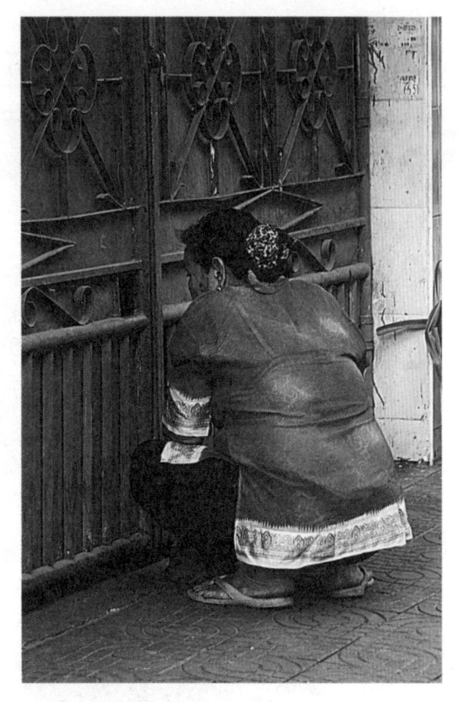

늘은 가까운 프놈펜의 명소들을 탐방하는 날로 전격 변경해야 했다. 예전에 분명 왕궁과 킬링필드 현장을 방문했던 기억이 있는데 서로 간의 거리가 꽤 길었다. 난 그때 대체 어디를 갔다 온 거지?

리셉션을 보는 친구는 딱히 친근하지는 않지만 오히려 무덤덤함이

침착함으로도 보이는 친구이다. 우선 우동까지의 교통편을 알아보기 위해 버스 터미널까지는 걸어가기로 했다. 지도상으로 보면 어제 뚜엉 슬렝까지 걸어갔던 거리보다 짧았다. 어제는 제법 걸었다. 아직도 요 동치고 있는 배를 부여잡고 밖으로 나섰다. 나는 12월 프놈펜의 딱 그 만큼의 햇살이 좋고 프놈펜 자체가 좋다. 나는 좋아하면 바로 빠져버 린다. 물론 사람이 아닌 경우에 말이다.

우동까지 6.25불 이라는 대답이 돌아 왔다.

바탐봉까지 가는 금액을 고스란히 똑 같이 받는다는 이야 기는 조금 이해가 가 지 않았다. 중간 지 역에서 타고 내리는 사람과 관계없이 일 괄 요금이다. 고작 한 시간도 안 걸리는 거리인데 말이다. 각 자의 상황에 맞게 시 스템이 있음이 당연

하겠지만 솔직히 이런 상황은 처음이긴 했다. 뽀삿에서 그렇게 분개하던 크리스도 아마 이런 절차로 캄퐁 츠낭을 거쳐 이곳으로 왔을 것이다. 얼굴에 분노가 가득 찬 크리스의 얼굴이 갑자기 어디선가 보였다. 일단 보류.

조금 걷다보니 뱃속은 무엇 때문인지는 몰라도 점점 가라앉아 가고 있었다. 센트럴 마켓에서 위로 방향을 잡아 프놈펜의 명소인 왓 프놈에 도착했다.

1392년 강에서 떠내려 온 나뭇가지를 주은 '펜'이라는 할머니는 그 안에서 네 개의 부처상을 발견하고 곧바로 산프놈에 사원왓을 지었고 이로부터 연유된 이름이 지금의 프놈펜이다. 하지만 그리고 미안하지만 프놈펜이 가지고 있는 드러난 명성 중의 하나인 이 의미 없는 방문지가 프놈펜의 주요 관광 포인트이다. 아니 이곳은 그저 프놈페너들의 소중한 휴식처이자 작은 공원이라고 보아야 더 쉽게 설명된다. 아무런 색채미도 없이 그저 회색의 값싸고 딱딱한 비닐을 뒤집어쓰고 있는 시멘트 탑이자 콘크리트 구조물. 분명 개보수를 단단하게 준비하고 있을 테지만 어지간한 무지개 색으로 치장을 하지 않는다면 이곳은 프놈펜

에서 가장 무의미한 방문지 1위가 될 것이다. 그래야 한다. 야트막한 언덕에 있는 이곳을 오를 때 1불을 입장료로 냈는데, 그곳을 제외하고는 아무 곳에서도 입장료를 받는 곳과 사람이 없었다. 그들은 그저 기

부 형식을 입장료로 재치 있게 바꾸었을 것이다.

본당에 있는 부처상은 어두운 내부에서 홀로 황금빛을 발하며 유일하게 분투하고 있었고 본당 뒤편으로 작은 사당이 마련되어 있다. 어쩌면 아주 독특하지만 때로는 어떤 설명도 가능한 감정인 실망감이라

는 감정만을 줄 수 있는 곳. 왓 프놈은 솔직히 기대 이하였다.

왓 프놈에서 내려와 지린내가 가득한 도로를 계속 지났고 작은 공

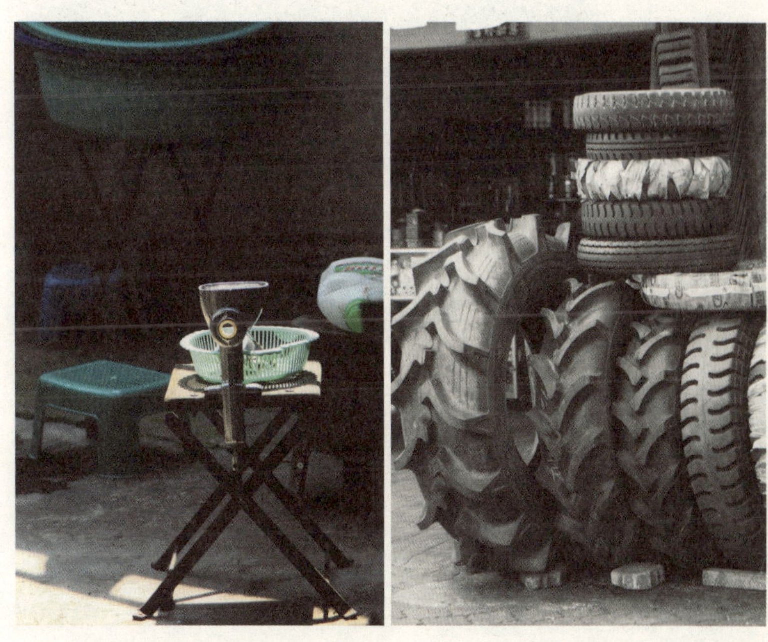

원도 지났다. 사실 이 도시로 오기 전에는 프놈펜이 강과 함께 있는 줄 몰랐다. 톤레와 바삭강이 함께 어우러져 있는 강의 도시 프놈펜. 친구들 중에는 강을 좋아하는 친구들이 많은데 그 이유는 그저 물이 흘러가는 모습을 보고 있노라면 가슴과 마음이 너무나 편안해 진다고 한

다. 바다와 호수의 중간 흐름에 위치해 완전히 궤를 달리하는 강. 그
강을 아주 여유롭게 흘려버리고 또 매일같이 또 그 강을 받아내는 프
놈펜의 삶. 프놈펜의 아니, 캄보디아의 숙명. 캄보디아는 메콩을 운명
같이 받아내고 그 운명을 숙명으로 전환시켜 위대한 크메르를 만들었
다.

강변에도 버스 정류장이 있어 찾아가 보았더니 우동으로 가는 표는
없다고 한다.

우동. 의외로 가기가 어렵군.

이곳은 프놈펜의 시내와는 정취가 좀 달랐다. 라오스 비엔티엔의 냄새도 나고 태국의 농카이 냄새도 약간 났다. 강가라는 곳에서는 항상 이렇게 강바람이 불어줘야 한다. 강바람이 비릿하니 더 좋다.

남쪽으로 걸어 국립박물관에 도착했다. 입장료는 3불이었고 건물자체는 위용을 자랑하는 박물관은 아니었다. 나는 사실 프놈펜의 국립박물관을 무척 기대하고 있었다. 왠지 남은 부지에 억지로 박물관을 끼워 놓은 것처럼 답답한 외관. 한 나라를 대표하는 박물관은 무엇보다도 먼저 지었어야지. 게다가 설계자는 당신들을 침략했던 프랑스인이라며?

사진촬영은 입구에 있는 가루다상과 안쪽에 있는 정원까지만 허락되었고 내부는 원칙적으로 금지되어 있었지만 스마트 폰으로 사진을 찍는 사람들이 의외로 많았다. 그러한 행위를 지적하고 제재해야할 인력들은 마침 아주 좋은 시간이 되 버린 낮잠을 즐기고 있다.

아쉽게도 한 두 개의 유물만이 나의 눈길을 끌었다.

힌두와 동남아시아 그리고 중국의 스타일마저 오묘하게 혼재되어 있던 국립박물관.

진품이라고는 했지만 확실히 너무 다듬고 처리를 한 모조품이 더러 있었다. 난, 갑자기 시엠립의 박물관을 다녀오지 못한 나를 책망했다.

숙소에 돌아 와보니 후배가 이곳으로 휴가를 내 온다는 메일이 와있었다. 나는 또 기분 좋게 놀란다. 사실 캄보디아로 오기 전 이곳으로 온다는 사람이 여덟 명이나 됐었다. 물론 덕담의 일부였고 반은 농이

었겠지만 반은 진심이었다고 믿고 싶다. 나는 내 친구들을 아주 좋아한다. 사람이 죽을 때 관을 들어줄 사람 수만큼 친구가 있다면 성공했다고 하는데 나는 솔직히 그런 면에서 그 인원, 채웠다.

저녁때는 숙소 앞의 가게에서 아이스커피를 마셨다. 그냥 프놈펜의

생활 속이다. 오르쎄이 시장이 바로 뒤라서 조금만 그쪽으로 가면 더 프놈펜을 만날 수 있었다. 가게에 앉아있는 사람들하고는 아무런 말도 하지 않았지만 그들은 그냥 서로서로 조심스럽게 웃으며 커피를 마시며 쉬고 있는 듯 했다.

나는 그들에게 낯선 여행자로, 그들은 나에게 프놈펜의 사람들로.

계산을 하니 500리엘. 150원. 처음부터 가게가 아니고 그냥 가정집이었는데 내가 무작정 들어가서 커피를 달라고 하니 내 준 것 같기도 하다. 그들은 그저 아는 사람 집에 와서 그냥 커피 한 잔 하러 온 것이겠지.

숙소의 옥상으로 올라가보았다. 이곳에서 근무하고 있는 크메르 청년 세 명이서 번갈아 가며 일을 보고 있는 그들의 허름한 방이 한 곳에 있다. 스무 살이 조금 넘는 청년은 원래 승려였다고 한다. 이른 나이에 출가를 했고 승려 자체에 대한 후회는 없지만 무엇보다 음식을 얻으러 다니는 과정이 너무 싫고 창피했었다고 했다. 항상 배가 고팠고 그리고 배가 고팠다고 했다. 아이들, 어린이들은 무조건 배가 고프면 안 된다. 그것은 어른이 되어버린 사람들이 자신에게 면죄부를 줄 수 있는 마지막 책임이다.

내일 우동으로 가기로 한 계획은 갑자기 캄퐁참으로 바뀌었다. 시엠립으로 들어오는 후배와의 동선을 맞추기 위해서는 우동이 문제가 되지 않았다. 약간의 짐만을 챙겨 캄퐁참으로 가기로 했다.

아름다운 회색의 도시 프놈펜. 잠시였지만 나에게 프놈펜은 회색이었다. 가운데에 위치해 있지만 가만히 생각해보면 그 모두를 적절하게 흡수해버린 회색. 자본과 공산. 노동자와 지주 그리고 지난 역사와 앞으로 다가올 거대한 그들의 미래. 상당한 체증과 또 엄청난 한가함. 가장 빠르게 사라지고 있는 시클로와 가장 많이 보이는 렉서스. 공존과 양립. 그 위대한 얼터너티브. 위태로운 줄타기를 좋아하는 나에게 이렇게 적당히 반쯤 걸쳐진 도시가 싫을 리가 없다.

난 아마 여행을 마치고 한 달간 머물 도시로 점찍어둔 곳을 시엠립에서 이곳으로 완전히 바꿀 것 같다.

프놈펜, 갑자기 나랑 인연이 생길 것 같네.

잘 부탁해.

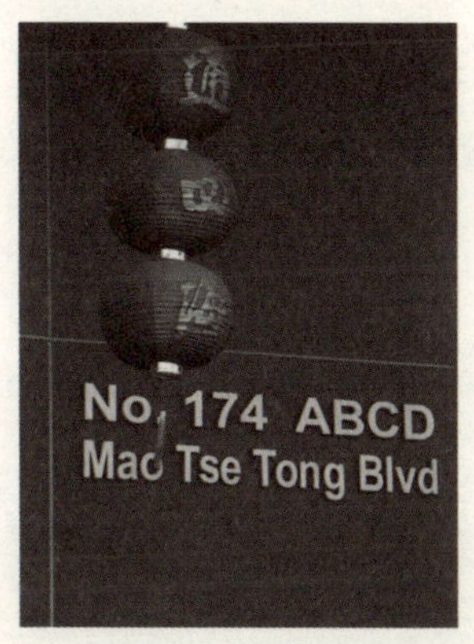

캄퐁참까지는 네 시간

이 걸렸다. 프놈펜을 벗어나자마자 저 멀리 우동산 꼭대기에 우동 사원의 모습이 얼핏 보였고 이후로 도로공사중인 비포장 흙길을 한 시간 정도 달렸다.

내가 탄 버스는 모든 차들에게 앞길을 내어 줄 정도로 천천히 달렸고 버스 차장은 흙먼지가 온 사방에서 밀고 들어와 온 버스 안을 덮음에도 불구하고 오히려 버스 지붕의 뚜껑을 열어 밖의 먼지들을 친절하게 차 안으로 초대했다. 과학적으로 무슨 대단한 이유가 있을 것이다. 한국의 건설업체에서 참여하고 있다는 이 구간의 포장공사는 곧 마무리 된다고 한다. 앞으로 시엠립에서 프놈펜까지 다섯 시간.

　아직 캄보디아에 대해서 많은 것을 모르지만 보통 어느 지역이든 중심이 되는 시장 주변에는 크고 작은 숙소들이 꼭 있었던 것 같다. 캄보디아 여행을 하면서 숙소문제는 정말 걱정하지 않아도 될 것 같다. 캄퐁참역시 버스에서 내리자마자 시장이 있었고 강 쪽으로도 적지 않은 숙소들이 있었다. 정보가 없었지만 아무 곳이나 잡고 들어갔다. 나는 벌써부터 완전히 마음을 놓고 다니고 있는 것 같다. 강이 보이고 길이

끝나는 지점에 있던 마리야 게스트하우스. 8불. 이유를 알 수 없을 정도로 촉수가 낮은 전등을 쓰고 있었으나 문을 열면 바로 메콩이 보이기에 묵기로 했다. 메콩이 비스듬하게 보이는 각도도 좋았다. 나는 바다가 주는 엄청난 위압감과 의외의 쓸쓸함 때문에 바다를 보며 살고 싶다는 생각을 가져본 적은 없으나 또 강은 달랐다. 강은 그 고즈넉함이 겨우 달과 닮은 것 같다. 특히 메콩이라면. 저 포근하고 이해심 가득한 메콩이라면.

강에는 엄청난 수의 배들이 떠다니고 있었다. 난 그저 오늘 캄퐁참

에 무슨 전쟁의 축제가 열린 줄 알았다. 배들의 움직임은 격렬할 정도로 빠르게 움직였고 무슨 전투를 하는 것처럼도 보였다. 그들은 확실히 모두 힘을 합쳐 무슨 일을 반드시 마치려고 하는 사람들처럼 보였다. 나는 곧이어 저 그물 아래에서 반드시 커다란 고래가 떠오르거나

황금의 배가 건져 올려 질 것이라고 기대하고 있었다. 하지만 결국 그들은 그들의 일을 하고 있는 것이었다. 강에서 고기를 낚는 사람들. 생업生業. 그들이 하루에 가장 많은 시간을 보내며 살아가기 위하여 하는 마치는 일. 그들은 어부였고 뱃사람이었으며 메콩의 사람들이었다. 일

을 하는 모습은 그 어떤 것보다 멋지고 소위, 그런 것들보다 더욱 대단
하다.

　　시장에서 미차와는 다른 볶음면을 먹었다. 특이하게 캄퐁참에는 캄
보디아 무슬림들이 많이 보였고 오토바이 가게와 미용실이 많았다. 앞
자리에는 젊은 부부가 식사를 하고 있었는데 아내가 계속해서 남편에
게 생선을 발라주고 있었다. 무표정한 얼굴과 살가운 행동 사이에서
생선의 살점은 먼 바다 사이를 표류했다.

주변을 걷다가 펭귄 오브 앙코르라는 카페엘 들어갔다.

Tania. 예순이 넘는 나이였지만 눈빛은 건강하고 당당했다. 약간 시니컬한 시선을 가진 그녀는 네덜란드 태생으로 캄보디아에서만 십 년을 넘게 살아오고 있다고 소개했다. 쁘레아 비히어를 제외한 캄보디아 전역을 여행했고 프놈펜에서 오래 살았으며 이후 캄퐁참에 정착한 그녀는 이 파리 날리

는 카페에서 애견과 함께 살고 있었다. 바로 위층에 게스트하우스도 함께 운영하고 있다고 했고 거의 5분에 한 대 꼴로 담배를 즐기던 엄청난 흡연가. 펭귄 오브 앙코르라는 이름의 연유에 대해서는 설명을 해주었지만 못 알아들었다. 여행 영어 이상으로 영어가 늘지 않지만 개인적으로 정말 알아듣기 어려운 영어는 러시아와 네덜란드 영어이

다. 그녀는 나에게 거스 히딩크의 이야기를 하지 않느냐고 약간 의아
해 했다.

캄퐁참은 현 캄보디아의 총리인 훈센의 고향이며 실제로 펭귄 오브
앙코르의 카페 바로 앞에 있는 초록색 대문의 집이 훈센 형의 집이라
고 한다. 그리고 캄보디아인들에게는 가장 살고 싶은 곳 1위인 캄퐁참.
강변을 걷다보면 그 이유를 알 수 있을 것이다.

타니아와 기약 없는 작별을 하고 이 캄퐁참의 명물이라는 나무다리
로 가기 위해 강 쪽으로 나가 보았다. 조금 전 숙소에서도 보이던 메콩
을 가로지르는 엄청난 다리가 먼저 눈에 가득 들어왔다. 눈에 가득 들
어와야 할 것은 정말이지 저런 모습의 다리가 아니다. 일본 정부가 지
어 주었다는 캄보디아 지폐 500리엘짜리에도 나올 정도이다. 카주라 다리는 정말이
지 내 시야를, 캄퐁참을 그리고 메콩을 시각적으로 완전히 망치고 있
었다. 물론 산업적인 측면에서 지대한 공헌을 하고 있을 테지만 그래
도 저 무성의한 디자인하며 불길한 회색빛의 다리는 캄퐁참의 유일한
마이너스라고 본다. 어째서 전 세계의 큰 다리들에는 나무를 심지 않
을까. 마포대교쯤에 한국을 대표하는 나무들을 심기를 진심, 바란다.

강변에는 몇 군데의 웨스턴 식당과 바들이 있었다. 대게 서양인들이
주인인 그 가게들 역시 많지 않은 여행자들이 오는 캄퐁참에서 그냥
세월을 낚고 있는 듯 했다. 쯧쯧, 세월이 낚이더냐.

자전거를 빌려 강을 따라 달렸다. 차나 오토바이들이 많은 통행을 할 만큼 특별하게 상권이 있는 위치가 아니라서 자전거를 타고 달리는 맛은 아주 좋았다.

캄퐁참의 명물인 나무다리는 얼마 전 미얀마의 만달레이에서 건넜던 우 베인 다리(아무래도 우 베인은 최고라는 찬사로는 모자란다. 우 베인은 그냥 우 베인 다리일 뿐.)와는 비교할 수 없지만 독특하게 성냥개비로만 얼기설기 엮은 듯 대단히 준수한 수공예(?)적인 다리이다. 우 베인이 걸작이라면 캄퐁참의 다리는 작품이라고 해도 좋다. 도로에서 다리 쪽으로 내려가는 길은 경사가 급해 조금은 위험했다. 급하게 브레이크를 잡고 땅에 내려오면 내 두 다리는 균형을 잃곤 했다. 아마 적당한 제어를 하지 않았

더라면 그대로 강으로 곤두박
질 쳤을 것이다. 어디선가 온
몇몇의 자동차들이 저 위태로
운 다리를 건넜고 나는 그 차
들을 보내고 다리를 건너지
않았다. 육중한 무게를 감당
해내고 마는 저 희생이 넘치
는 다리를, 나는 당신을 천천
히 밟으며 지나가고 싶지 않
았다. 수 만개의 나무들이 다
리를 이어주고 지탱하고 서로
필사적으로 지고는 있었지만
뭐랄까, 이 다리는 약간 살아

있는 느낌이었다. 다리에 첫 발을 내 딛을 때 신음과도 같던 나무의 불
규칙한 호흡이 들리고 발끝에 느껴지던 질감은 정말이지 생생했다. 나
는 이때의 그 촉감을 분명히 기억해 낼 수 있을 정도로 잘 알고 있다.
얼핏 죽은 동물의 사체를 밟고 있는 것 같기도 했던 그 비인간적인 질
감. 썩은 나무의 늪에 발을 빠뜨린 것 같은 원시의 촉감. 다리를 건너
가지 않은 것이 아직까지는 이번 캄보디아 여행의 큰 아쉬움으로 남고
있지만다리를 건너 반대편에 있는 작은 섬에서 캄퐁참을 보고 싶기는 했다. 곰곰이 생각
해보면 그 묵직하고 비현실적인 질감이 평생 남을 것 같아 잘한 것 같
다는 생각이 들기도 한다.

다리를 포기하고 캄퐁참에서 가장 유명한 사원인 왓 노꼬Wat Nokor를 향해 달렸다. Nokor Bachey Pagoda라고도 불리는 사원이다. 강에서 2~3킬로미터 거리에 있는 왓 노코는 지금으로부터 약 천 년 전인 앙코르 시대에 지어진 사원이라고 하며 앙코르 와트의 저 유명한 바이욘의 그것과 닮았다고 평가된다.

캄퐁참을 들리는 대부분의 여행객들이 강변의 호젓함을 즐기러 오는지라 왓 노코에는 아무런 관광객이나 여행객이 없었다. 그다지 크지 않은 사원은 역시 그다지 크게 정성을 들여 조성하지 않은 담과 메인 템플만이 그 흔적을 유지하고 있었다. 사실 일관되게 돌들을 사각으로 다듬고 쪼아서 담을 쌓은 것은 크게 어려운 작업이라고 생각되지

않는다. 사원을 감싸고 있는 벽의 돌들은 뭉툭하고 세밀하지 못했고 아무런 관리를 하지 않는 것처럼도 보였지만 군데군데에 조각된 여러 조각상들의 미소는 눈여겨 볼만 했다. 개인적으로 돌을 쪼아 저런 미소를 만드는 것은 예술에서 따로 분류해야 한다고 생각한다. 아담하고 정갈하지만 반대로 또 왜소하고 방치된 사원. 강변에서의 평범한 휴식을 즐기는 사람이라면 반드시 와야 할 만한 사원은 아닌 것 같다. 앙코르 와트를 보고 왔다면 더더욱.

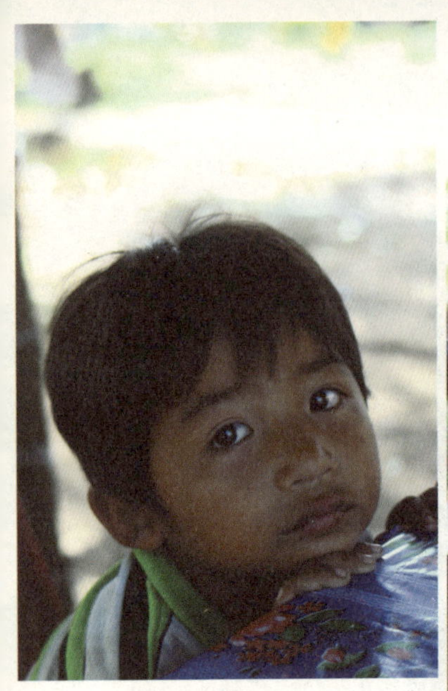

　사원의 바깥에서 떡 엄빠으를 한잔하고 바로 자전거를 돌렸다. 어린 두 아들을 키우는 젊은 아낙은 정말 좋은 인상의 사람이었다. 좋은 사람을 보고 있으면 주변이나 주위의 어떤 것과는 관계없이 일단 마음부터 편하다. 아들 녀석 둘은 뭔가 위축이 된 것처럼 보였다. 신나게 뛰어놀고 하다못해 돌멩이라도 집어던져야 할 나이의 녀석들은 엄마의 치마폭에서 떨어질 줄 몰랐다. 애들아, 공부 따위는 못해도 괜찮으니 엄마 속을 절대 썩여선 안 돼.

카주나 다리를 넘어 온 많은 차량들이 도로를 빠르게 지나갔다. 프놈펜에서부터 시작해 저 멀리 스떵뜨렝을 지나 라오스까지 연결되는 7번 도로는 머지않아 광활한 중국의 대륙을 거쳐 대한민국의 부산까지 연결 될 것이다. 정말이지 고대한다. 난 아마 그때쯤이면 북녘을 남겨두고 여행을 마치지 않을까 싶다. 오토바이들은 날렵한 속력으로 내 앞을 수도 없이 지나쳤다. 자전거로 이동하기에는 조금 위험한 구석이 있지만 캄보디아의 모든 모태 모터들은 자신들만의 분명한 시스템이 있노라고 자신한다.

자전거는 일찍 반납했다. 세 시간 만에 열쇠를 받아드는 캄보디아 여인이 다소 의아해했지만 더 이상 갈 곳도 없었다. 샤워를 마치고 마사지를 받기로 했다. 다리에 힘을 주고 달린 탓인지 고작 그 짧은 거리를 달리고도 다리가 뻐근해 왔다. 두 시간 동안 축구를 하고 온 것 같았다. 숙소 옆의 마사지 가게. 낮잠을 즐기던 잠옷 차림의 마사지사는 약간의 불평을 부리고 머리를 긁적이며 일어났다. 나는 오늘 첫 손님이고 아마 올해의 마지막 손님이 될 것도 같다. 나는 물론 그녀에게 마사지를 받지 않았다. 나를 마사지하러 들어 온 다른 처자에게는 간장게장 냄새가 났다. 간장게장 냄새를 운치가 넘치게 무화과향이 났다고 할 수는 없는 법이었다. 처자는 한 손으로 나를 마사지하면서 한 손으로는 연신 전화기를 만지작거리고 있었다. 그녀의 손톱은 신기하리만큼 길었고 손톱에 너무나 많은 공을 들였다. 그녀는 분명히 일을 하고 싶어 하지 않았다. 나는 약간 빨래가 된 것도 같았다. 잠시 후 어린 사내 녀석이 방 안으로 들어왔다. 그녀의 아이는 아니었지만 그녀는 진심으로 그 아이를 귀여워 해 주었다. 곧이어 왜 그랬는지는 모르겠지만 그 아이의 어린 엄마가 이 크지 않은 방 안으로 들어왔다. 털털거리며 돌아가는 선풍기는 지쳐보였지만 아이는 더욱 더 생기를 띄며 방 안을 뛰어 다녔다. 그 사이에 분명 아이는 무럭무럭 자라고 있는 듯 했다. 두 여성이 모두 박수를 치며 아이를 격려해 주고 있었다. 아이는 이상한 노래도 불렀다. 그냥 의성어로만 구성된 먹을 것에 관한 노래였을 것이다. 나는 갑자기 쓸쓸해졌다. 말을 하지 못하는 망각의 사나이가 되어버린 나는 빨래처럼 드디어 개켜져서 방구석에 놓아졌다. 가뜩이나 사내아이를 좋아하지 않는 나로서는 나에게 주어진 이 시간이

도대체 무엇을 하는 시간일까 고민해 보았다. 나는 이상한 기분에 휩싸여 애써 녀석에게 우스꽝스러운 자세를 취하며 코믹을 떨었고 온 방안에 웃음이 퍼지며 우리는 갑자기 한 가족이 된 것처럼 관계의 진화를 이루어 내고 있었다. 가족이란 이런 것일까. 나는 녀석에게 잠시 한국에서 온 삼촌이 되었던 것일까. 더 이상 있을 이유가 없어진 나는 그들의 아직도 따스한 웃음과 온기가 남아있는 방을 마다하고 밖으로 나왔다. 간장게장 처자는 한 손으로 휴대폰을 든 채로 나에게 손을 흔들었다.

마사지 가게 앞에 있는 공터에는 나의 허전함에 찌든 마음을 달래주는 것이 빛나고 있었다.

내 인생에서 절대 지나칠 수 없는 것들 중 다른 하나. 커다란 원더 힐. 대관람차 혹은 대회전차.

아직 시작 시간 전인 작은 놀이공원의 원더 힐은 조금 전의 나처럼 넓은 공터에서 쓸쓸하게 고립되어 있는 것처럼 보였다. 지금이 추운 겨울의 바닷가였고 황량한 곳이었다면 나는 아마, 무릎을 꿇었겠지. 나는 저 원더 힐이 가지고 있는 극도의 고독함을 너무나 사랑한다.

앞을 향해 가고는 있지만 결국 제자리로 돌아오고 마는 억압의 순회.

그 아이러니한 인생의 서글픈 데자 뷰.

원더 힐. 기계의 삐에로.

　시장에서 몇 가지 안주거리를 산 후 맥주와 함께 저녁을 먹었다. 방 바깥으로 나와 해가 지는 반대편을 바라보며 시간을 보냈다. 캄보디아에는 다행스럽게도 자체 멘솔 담배도 있었다. Ara독수리라는 뜻이라고 한다. 라고 하는 담배인데 캄보디아에서 직접 생산되는 담배라고 한다. 이 정도면 괜찮다. 이럴 때는 의자를 약간 건방지게 세워 앉을 필요가 있었다. 스피커가 있었다면 지금이 딱 밥 말리의 시간인데… 어지간하지

않으면 맥주 두 캔이 정량인 나는 적당히 기분이 좋아졌다. 눈앞에 메콩이 흘러 나를 받아주지 않았다면 분명히 반감되었을 것이다. 하지만 방은 무엇 때문인지 나를 받아들이지 않았다. 갑자기 닫아 두었던 문이 열리지 않았던 것이다. 직원이 둘씩이나 올라와주어 어렵게 문을 열었으나 먹통이 되어버린 손잡이 때문에 이번엔 문이 닫히지를 않았다. 그때부터 '한조'라는 이 침착하고 믿음직스러운 직원은 무려 한 시간 넘게 그 손잡이를 가지고 해체작업을 했다. 땀이 떨어지는 것이

보일 정도로 열과 성을 다하던 한조를 나는 선망과 존경의 대상으로
바라보았다. 손잡이가 문에서 드디어 떨어져 나올 때 그러니까 마치
로봇의 팔이 수명을 다해 한 낱의 고철로 변할 때 난 잠시 아까 느꼈던
공허감들을 또다시 느꼈다. 오늘은 나에게 '완전하고 연속적인 공허
의 날'로 기억될 것이다. 분명 열쇠학이라는 학문은 없을 테지만 확실
히 열쇠와 자물쇠 즉, 손잡이간의 이 역학관계는 일반인이 간단하게
접근할만한 것이 아닌 것 같았다. 나는 간단하게 팁과 한국에서 가져

온 남성용 로션 샘플을 주고 나에게 없는 끈기와 침착함을 가진 한조에게 진정으로 경의를 표했다. 한조가 한국인이었다면 나는 나이에 관계없이 90도의 인사를 했을 것이다.

밤에는 버스 정류장 공터에 식당이 즐비하게 들어섰다. 환한 불빛들은 어딘지 점잖거나 다소 소극적인 이 캄퐁참을 밤의 부활로 이끌 것이라고 느꼈지만 사람들은 모두 어디로 갔는지 황막한 밤의 기운만이 있을 뿐이었다. 캄퐁참에는 이상하리만큼 사람들이 많지 않았다.

그나저나 나중에 안 사실이지만 캄퐁참은 미인이 많기로 소문난 곳이라고 한다. 실제로 야시장에서 두 번이나 혼잣말이 튀어나올 정도로 미인을 두 명이나 보았다. 캄퐁참에는 이 밖에도 바람과 무슬림들이 많았고 길거리에 쓰레기와 개들 그리고 식당에 꾸에띠여우쌀국수가 없었다. 대략 그랬다.

조용한 강변 그리고 그 강변을 따라 부는 강바람. 많지 않은 사람들. 어찌 보면 내가 좋아할 만한 모든 것을 갖춘 캄퐁참이지만, 글쎄…. 선뜻 좋다고 말하기에 조금 주저되는 것은 도대체 무얼까. 갑자기 너무 좋아져버린 상대에 대한 기본적인 반발감이랄까. 나는 무엇을 방어하고 있는 걸까.

*

어제 문고리를 수리하다가 들어온 모기들 때문에 잠을 어지간히도 설쳐 버렸다. 쓸데없이 넓은 방에 가뜩이나 촉수가 낮은 전등은 모기의 행방을 쫓는데 완전 젬병이었다. 태양계의 먼 바깥까지 알고 있는 인간들은 어째서 아직도 조그마한 모기를 정복하지 못하고 있는 걸까. 모기로 인한 바이러스의 전염으로 인류가 멸망하는 경우가 핵이나 화산 폭발보다 더 가능성이 크다는 얘기가 있다.

불편과 불면과 부족한 수면. 나는 아침 일찍 캄퐁톰으로 가려던 계획을 수정했다.

쾡한 눈을 가지고 숙소 바깥으로 나와 모토를 섭외했다. 캄퐁참 시내에서 가장 유명하다는 두 사원을 보러 갈 셈이었다. 리셉션의 직원은 두 사원을 오르는 데만 많은 시간이 필요하니 네 시간짜리 풀 모닝 투어를 추천했다. 5불. 바로 출발했다.

그리고 바로 도착했다.

프놈 쁘로이 Phnom Proi, 프놈 쓰레이 Phnom Srei.

왼쪽에는 낮은 언덕인 프놈 쁘로이, 오른쪽에는 높은 언덕인 프놈 쓰레이가 있는데 각각 오빠의 언덕과 여동생의 언덕을 상징하고 있지만 단순하게 남자의 언덕과 여자의 언덕으로도 불린다고 한다.

사원은 딱히 언덕을 오를 필요도 없이 그냥 달리던 대로 가면 도착할 수 있었다.

그냥 시멘트로 발라진 아무런 조형미 없던 사원. 정보가 없는 탓에 어떤 대단한 역사와 신화와 전설이 있고 가슴 저미고 아련하게 다가오는 이야기가 분명히 있다고는, 확신할 수 없다. 있다고 해도 믿을 수 없다. 이런 상투적이고 시시한 탑들 앞에서는.

마당의 개들은 낯선 이의 방문을 정말이지 성심성의껏 전력을 다해 거부했다. 개들도 목이 쉴까? 세상의 모든 노래를 하는 사람들은 진정 개의 성대를 연구해 보아야 한다.

불당으로 들어가려고 했다. 탑을 둘러보는데 벌써 일 분이나 지났다.

갑자기 입구에서 거대한 무엇이 움직였다. 멈칫. 나는 처음에 무슨 소형트럭이 시동을 걸고 출발하는 줄 알았다. 그것은 돼지였다. 정말이지 너무나 큰 돼지. 돼지가 저렇게 클 수는 없다. 저것은 돼지가 아니다. 수호신. 맞다. 이 유서 깊은 사원을 나처럼 시시하다고 느끼는 불경한 사람에 대한 벌을 주는 환상의 수호신이다. 내가 올라야 한다고 했던 언덕은 사실은 저 돼지를 넘어서야 한다는 것을 의미하는 것이었을까. 돼지가 갑자기 내 쪽으로 시선을 돌렸다. 정확히 나였다. 돼

지의 입에서는 뿌연 입김이 터졌다. 순간 주위는 하얗게 번졌고 그 안 개 속에서 돼지가 서서히 자신의 윤곽을 드러내기 시작했다. 어느새 개 따위들의 하찮은 시간은 없어졌다. 나는 발을 띄고 몇 걸음을 전진 해 보았다. 원래는 뒤로 물러서려고 했지만 나의 무의식이 앞으로 가 고 있었다. 이번에는 돼지가 무릎을 세웠다. 주위의 모든 것은 일순 정 지되었고 오로지 돼지의 주위만이 한꺼번에 움직이는 것 같았다. 본당 은 그 기세에 눌려 갑자기 색이 바란 것처럼도 보였다. 그 환상의 돼지 수호신은 감히 네가 들어올 자리가 아니라고 말하는 것 같았다. 나는 모든 걸음과 마음과 눈을 거두었다. 공포감을 느껴버렸다. 그야말로 순수한 공포심. 나는 아주 자발적으로 물러나기로 했다. 아직까지도 난 내가 본 돼지가 정말 내 눈에만 보였을 것이라고 믿고 싶다. 나는 내가 넘을 수 없음을 절감할 때 스스로 나를 거둔다. 나는 모든 승부를 싫어한다.

두 번째의 동생산. 계단을 약간 오르긴 한다. 정상에서 캄퐁참 일부의 풍경이 보이는 것과 건너편 오빠산의 모습이 나뭇잎들에 가려 약간 처연한 모습으로 드러난 것을 제외하고는 역시 아무런 감상을 불러일으키지 않았다. 아무도 없는 이른 아침의 언덕.
그것으로 충분하고 또 됐다.

내려오는 길에 노파에게 약간의 시주를 하고 돌아오니 단지 한 시간이 흘렀을 뿐이었다. 나는 투어비를 깎기로 했고 기사도 너무나 당연하다는 듯 1불을 깎아 주었다. 차라리 어느 캄보디아 중고서점에 들렀다면 좋았을까. 나는 바로 짐을 챙겨 캄퐁톰으로 떠날 준비를 한다. 나는 이제야 왠지 캄퐁참에 다시 올 것 같다는 생각이 미친다.

캄퐁톰

개미,

정글 속의 많은 사원들 즉,

삼보르 쁘레이 꾹

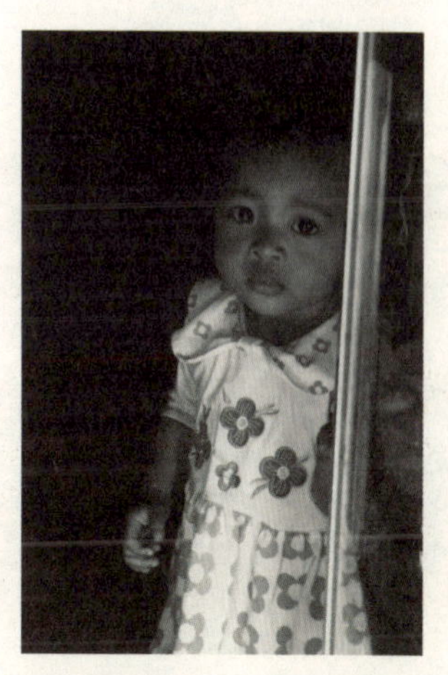

캄퐁톰까지는 네 시간

이 조금 덜 걸렸다. 7번 국도를 탄 후 스쿤이라는 지역에서 다시 버스
는 6번 국도로 갈아탄다.

캄퐁이라는 뜻은 배가 들어오는 지역에 사는 사람들의 집단 부락쯤
으로 해석된다고 한다. 캄보디아에는 캄퐁이 들어가는 지명이 꽤 있
다. 캄퐁참, 캄퐁톰, 캄퐁츠낭, 캄퐁스푸, 캄퐁씨웅…

캄퐁참과 캄퐁톰은 아주 분위기가 달랐다. 참이 정靜이라면 톰은 확
실히 동動이었다. 도착하자마자 온 도시에 방송이 울려 퍼졌고 왠지 날
씨도 더 더운 것 같았다. 시엠립으로 넘어가는 다리에는 꽤 많은 차량

들이 뒤엉켰다. 거리는 참과 비교할 수 없을 정도로 난잡했다. 축구팀이 있다면 분명 두 지역의 팀은 라이벌이 될 것이다. 시엠립에서 프놈펜으로 가는 6번 국도와 쁘레아 비히어 주로 넘어가는 중요한 길목에 위치한 도시 중 가장 큰 도시인 캄퐁톰은 이쪽이나 저쪽이나 어차피

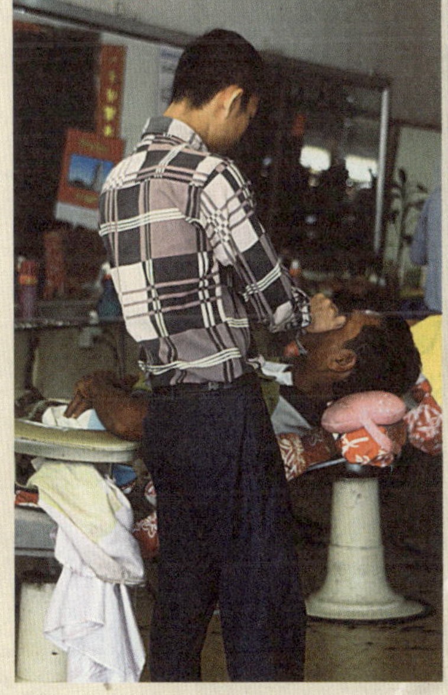

지나가야 할 사람들을 맞는 곳이기에 어떤 면에서 보면 모든 것에서 자유로운 도시라고 할 수 있었지만 어떻게든 교묘하게 살아나가야 할 도시이기도 해야 했을 것이다. 이런 경우 소속감은 대체적으로 희미하겠지. 캄퐁톰의 첫인상은 솔직히 가장 좋지 않았다.

일출이라는 뜻의 Arunas라는 숙소에 묵었다. 캄보디아에는 대체적으로 호텔이라는 이름으로 게스트하우스급 정도 되는 곳이 많았다. 이곳도 바로 옆에 게스트하우스가 있었지만 시설은 비슷했다. 단, 엘리베이터가 있다.

창문도 없고 아주 작은 방을 5불에 택했다. 타일로 마감된 벽은 화장실을 바로 연상시켰지만 마음이 편하면 됐지 뭐. 바닥에 개미들은 그대로 두었다. 저렇게 목숨을 걸고 삶을 살고 있는 개미들에게 방을 내주는 것이 그렇지 않은 모든 것들의 의무이다.

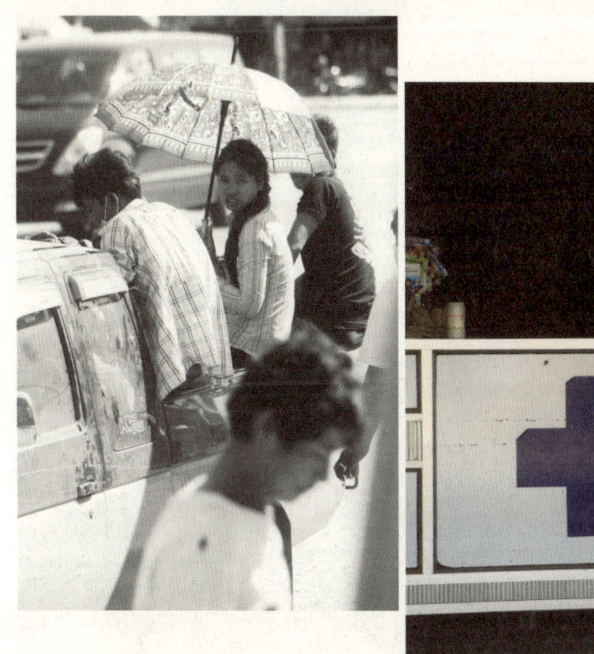

　밖으로 나와 숙소 옆의 시장으로 들어가 보았다. 시장은 무척 어두웠다. 입구부터 온통 미용실이 있었고 머리를 하거나 손톱을 다듬고 있는 여성들이 무척 많았다. 조금 더 들어가다 보니 어린 녀석이 바닥에서 탱크 같은 장난감을 가지고 놀고 있었다. 장남감은 얼핏 보기에도 싸구려처럼은 보이지 않았다. 갑자기 소년이 일어났다. 그리고 곧장 나에게 왔다. 확실히 뛰어왔다. 녀석의 눈빛은 어떤 확신이나 결의에 차 있었다. 원달라 원달라. 난 처음에 그것이 무엇을 말하는지 몰랐다. 녀석의 차림새가 구걸을 할 것이라고는 생각지 못했기 때문이다. 하지만 녀석은 간결한 말투와 정갈한 손동작으로 나를 따라다녔고 내

가 한 번 무른 후에도 계속해서 나를 쫓아다녔다. 원달러 원달라. 배낭 여행자인 나에게도 생수를 적어도 네 통에서 경우에 따라 여덟 통이나 살 수 있는 금액이다. 난 돈을 주지 않았다. 내가 진심으로 원하지 않을 때 난 수동적으로 기부나 적선을 하지 않는다. 액수가 크던 작던.

내가 나쁘다면, 기꺼이 난 나쁜 놈으로 남겠다. 녀석은 세 번이나 시도를 한 후에 쓸쓸히 돌아갔다. 어린 녀석이라고 하기에는 뒷모습이 제법 어두웠다. 주위의 상인들이 빤히 나를 쳐다보았다. 나는 불편하지 않았다.

저녁은 길거리 식당에서 놈빵 빠떼를 먹었는데, 놈빵 바떼는 기본적으로 바케트 빵에 캄보디아 햄과 경우에 따라 얇게 썬 돼지고기를 추가하고 파파야 샐러드와 몇 가지 양념을 발라 먹는 캄보디아의 샌드위치이지만 솔직히 위생적으로는 어느 음식 못지않게 불량한 음식이다. 저 유명한 라오스의 샌드위치보다 내용물도 불성실한 이 빵은 더운 날씨에 그대로 노출되어 있는 햄 덩어리가 주재료이지만 햄보다는 밀가루로 이해하는 편이 좋을 것 같고 그래서 가급적 생파를 곁들여 함께 먹는 편이 좋다. 식당의 주인은 내 놈빵 바떼의 주문을 받은 후 오른발을 꼼꼼하게 주무르던 손 그대로 빵을 갈랐다. 무언가 털어내기에는 정확히 무엇을 그래야 하는지도 애매한 상황이라 그냥 먹기로 했다. 무언가 허전한 느낌이 들어 옆 테이블에서 주문한 놈만쪽이라는 국수도 시켰다. 식감이 좋아보이던 당근과 닭고기가 얹힌 국수였는데 보기에는 정말 먹음직했지만 기본적으로 먹다 남겼고 두 번 다시 먹을 것 같지는 않다는 느낌을 강렬하게 받았다. 이 길거리의 식당에서도 아이들이 구걸을 하러 돌아다녔다. 고작 땅바닥에 묻힌 비닐봉지를 뜯어내며 놀던 아이들은 역시 나에게로 와 원달라를 요구했고 내가 거부의 손짓을 보이자 이번에는 내가 먹고 있던 음식을 달라고 했다. 하지만 나중에 보니 이 식당에서 일하던 여자의 자식들이었다. 그녀는 어디에선가 또 다른 어린 아이를 안고 왔고 모두들 대체적으로 행복한 웃음을 지으며 다녔다. 녀석들은 자기의 막내 동생을 안고 어디론가 즐겁게 돌아갔다. 모두가 깔깔거렸다. 난 방으로 돌아와서 잠시 혼란에 빠졌다. 구걸을 하는 소년들 그것을 바라보며 일을 하고 있는 엄마 그리

고 그런 상황에서 또 자식을 낳는 구조. 가난의 대물림. 아니, 이것은

가히 가난의 진화로 봐야할까. 나에게는 없는 자, 아니 없고자 하는 자

에 대한 자비가 분명히 없다. 이런 식으로 진행되는 상황에 대해 무책

임한 배려나 사려의 구조를 용인할 수 없다. 오늘밤 난 좀 더 이기적인 사람으로 발전한다. 그들과 나의 삶의 스탠스. 나는 그 거리를 스스로 결정짓고 선을 긋는다. 난 역시 불편하지 않다. 세상은 실체 없는 희망이나 긍정 따위로 살만한 무책임하고 작은 세계가 아니다. 저 거대한 희극과 비극사이에 너희들이 들어올 틈은 없어.

*

삼보르 쁘레이 꾹

오늘 나의 행선지이다.

앙코르 와트가 이번 여행에서 자진해서 물러난 이후 나의 유적에 대한 감정은 사실 갈증을 넘어서는 것이었다. 하지만 마지막 노정이 쁘레아 비히어였기에 그것을 넘어서는 유적을 봐서도 안 되었다. 조금조금씩 목만을 축이기. 왓 바난에서 사실 약간의 실망을 했기에 그리고 캄퐁참에서는 그것을 겨우 조금만 넘었기에 나의 목마름은 정점에 있었다. 앞으로 들를 지역들이 유적과는 거리가 있는 곳이어서 어찌보면 이번이 당분간의 마지막 유적 지점이었다.

숙소 앞에는 많은 기사들이 있었다. 호객을 하는 가운데 조금이라도 영어가 가능한 친구와 같이 가기로 했다. 15불이었지만 13불에 흥정을 했다. 게다가 뚝뚝이다. 통상적으로 뚝뚝은 모터보다 조금 더 비싸다. 뚝뚝은 사실 바깥의 경치를 본다거나 좀 더 여유로운 여행을 하기 위해서 반드시 모터보다는 우위에 있다. 물론 안전도 면에서도 그렇다.

잘 닦인 도로를 30분 그리고 비포장 흙길을 40분이나 달려 목적지에 도착했다. 달리는 내내 마주친 차량들이 없을 정도로 온 도로가 한적했다. 입장료는 3불. 매표소 앞에서는 어린 소녀들이 집에서 직접 짰다는 스카프를 팔고 있었다. 분홍색을 사려다가 보라색으로 바꿨다. 두 가지 색은 정말이지 어떤 것이 더 예쁘다고 할 수 없을 만큼 아름다웠지만 소녀들의 얼굴은 너무나 어둡고 그 나이라면 무조건 꽃과 같아야함에도 벌써부터 그렇지 못했다. 벌써부터 삶이 고단한 소녀들 그리고 그 가족들. 그러기에 캄보디아인들은 고작 더위 따위에 그렇게 더워하지 않는다. 캄보디아가 추운 곳에 있었더라도 역시 마찬가지였을 것이다. 다음 여행 때는 소녀들을 위한 간단한 물품들을 꼭 가지고 와야겠다.

Aleke이라는 이름의 어린 친구가 가이드를 자처한다. 스무 살이 아직 안 된 소년. 물론 가이드 비는 주어야 한다. 6불. 이곳에서 사는 현지인에게만 가이드 비용을 지불해야하는 이른바 공정여행의 일환이다. 이곳에서 태어났고 계속해서 살고 있는 알렉은 다소 표정이 어두웠지만 침착하고 또 성실한 친구였다. 알렉은 잠시 동안 다녀왔던 프놈펜에 대해서 저주의 말을 퍼부으며 가이드를 시작했다. 고작 일주일을 다녀왔지만 매일같이 총소리를 들었으며 날마다 교통사고를 목격했다고 했다. 그에게는 엄청난 매연, 그에게는 대단한 혼잡함, 그에게는 숨 막히는 도시 사람들. 다시는 프놈펜에 가고 싶지 않다고 한 알렉. 자신의 가이드 인생에서 한국인은 처음이라는 알렉. 동쪽이라는 뜻이라고 한다. 같이 길을 나선다.

Pre Angkor시대의 가장 뛰어나며 앙코르 와트 다음으로 가장 크고 오래된 유적군이라고 평가받는 삼보 쁘레이 꾹. 오랜 기간 동안 숲 속에 은둔하고 있었던 것 같은 유적들은 마치 피라미드의 모습처럼 신성해 보였다. 삼보르는 A lot of temples를 뜻하고 쁘레이는 jungle을 말하며 꾹은 inside를 의미한다고 한다. 정글 속의 많은 사원들.

7세기 초반 이 지역을 호령했던 첸라 왕국의 수도였던 이곳은 최전성기에 이백 팔십여 개가 넘는 사원이 있었다고 전해지며 사원의 바깥 담장의 길이가 무려 400미터나 되었

다고 한다. 하지만 현재 이 거대한 사원의 컴플렉스는 그간 베트남 전
쟁과 폴 포트의 무차별한 파괴와 약탈로 현재는 사 십 여개의 사원만
이 거의 무너진 상태로 자리를 지킬 뿐이다.

사암으로 만들어진 앙코르 와트와 달리 점토로 구워진 벽돌이 건축
재료라고 알려진 삼보르 유적. 가장 먼저 만날 수 있는 삼보르를 대표

하는 사자의 사원이라는 뜻의 쁘라삿 토는 한 쌍의 사자가 생동감 있게 정문을 지키고 있는데 머리를 컬한 형식으로는 캄보디아에서 유일하다고 알렉이 덧붙인다. 다른 사원들에는 인도 고전문학의 대서사시인 라마야나가 정말이지 알뜰하고 정성스럽게 외벽에 부조되어 있으며 힌두에서 등장하는 여러 신들의 조각도 대체적으로 잘

보존되어 있다. 몇몇의 작은 탑은 천 년이 넘는 세월 동안 자라난 나무들에 자신들의 모든 것을 허락하고 안전하게 무너져 내렸다. 장엄하지는 않았지만 사원의 죽음은 안락했다. 분명히 보수를 한 것 같던 여러 조각과 사원들은 의외로 거의 손을 대지 않은 오리지널 작품이라고 하지만 이렇게 숲 속에서 오랜 세월을 은둔했기에 가능했다고 한다.

삼보르 쁘레이 꾹은 삼보르 쁘레이 꾹 양식이라는 이름으로 학계에 정식으로 등록되어 있으며 세계 문화유산 등재도 신청해 놓은 상태라고 한다.

알렉과 사원을 둘러보고 숲길을 천천히 걸어 나왔다. 예전에 멕시코 남부 마야의 피라미드를 혼자서 순례할 때 보남 팍이라는 피라미드에서 비슷한 길을 걸은 적이 있다. 숲 속이라고는 했지만 삼보르는 어딘지 녹음과는 거리가 있었던 탓인지 숲길이 정취가 약했던 것만은 사실이었지만 쓸쓸한 왕조의 서정이 보태져 감정이 묘하게 섞인 점이 있다.

알렉은 나중에 나의 마지막 행선지인 쁘레아 비히어까지 동행 가이드를 해줄 수 있다고 했다. 쁘레아 비히어뿐만 아니라 캄퐁톰의 한참 바깥에 있는 유적인 프레아 칸, 작은 앙코르 와트로도 불리는 벙 멜리 아시엠립 주 그리고 꼬 께르쁘레아 비히어 주까지도 모두 커버한다고 했다. 1박, 2박 그리고 3박까지. 그의 모토로 진행되는 투어는 하루에 30불선으로 생각보다 아주 저렴했다물론 나머지 기타 경비는 따로 내야 한다. 둘이서 모

토를 타고 다니며 며칠씩 유적을 헤집고 다니는 투어는 아마 일생 오랫동안 기억에 남을 여행이 되겠지. 이번 여행은 유적에 중점을 둔 여행이 아니라서 말이야. 캄보디아로 다시 오게 된다면 알렉, 나와 함께 모터사이클 다이어리를 찍는 거야. 우리 원 없이 마음껏 크메르의 신전들을 탐험해 보자구. 알렉이 체를 맡아. 내가 알베르토를 하지.

그나저나 막판에 돈을 지불하려고 했더니 달러가 약간 찢어진 돈은 받지 않았다. 정말 몰랐다. 사람들이 많지 않던 그곳에는 20불짜리를 바꾸기가 쉽지 않았다. 나는 돈도 많이 가져오지 않았다. 다행이 뚝뚝 기사가 여기저기서 돈을 마련해왔고 난 시내로 돌아와 그에게 갚기로 했다. 역시 멀고 먼 한 시간 이상을 달려 캄퐁톰 시내로 돌아왔고 난 기사에게 처음 가격인 15불을 주었다. 아무리 생각해봐도 13불의 거리는 아니었다.

캄퐁참에서 이곳저곳 물린 곳이 마치 화상을 당한 것처럼 이상한 양상으로 부풀어 오르고 있다. 예전에 필리핀 마닐라에서 다소간 산 적이 있는데 그때 며칠을 크게 앓은 적이 있다. 난 그 당시 내 몸속의 장기가 그렇게 뜨거운 줄 몰랐다. 온 몸이 불덩이처럼 타 올랐고 땀은 온 시트를 적셨으며 먹은 것은 모두 토하고 즉시 배설되었다. 당연히 기운은 바닥의 저 아래였다. 뭐랄까, 시야도 함께 가라앉아 가는 느낌. 눈이 계속해서 내려가 입을 벌려 말을 하면 곧 입 밖으로 튀어나올 것만 같았다. 무엇이든 모두 아래로 내려갔다. 몸이 서서히 녹고 있는 것만 같았다. 원래 병원을 잘 가지 않는 성격인데 5일 정도가 지나자 정말 죽을지도 모른다는 생각이 들었다. 그길로 병원에 가서 주사를 맞고 그것이 뎅기열이었음을 알았다. 아무래도 모기에 물린 것 같지는 않지만 그래도 상당히 불안하다.

*

아침에 일어나보니 어제 먹은 도너츠 봉지에 엄청난 개미들이 들러붙어 있다. 오로지 설탕만을 위해 집결한 개미들은 어떤 경로로 이렇게 많은 인력을 동원할 수 있는 것일까 생각해 보았다. 후각 쪽에서는 개들보다 개미들이 확실히 우위에 있을 것이다. 개들을 좋아하지만 확실히 녀석들은 과대평가되고 있긴 하다. 후배와 간신히 연락이 되어 오늘 저녁때 나린2에서 조우하기로 했다. 살면서 이런 기쁨은 사실 흔치 않다.

잠시 틈을 만들어 다녀 온 깜퐁참과 깜퐁톰.
출렁거리는 나무다리의 끝에 있는 것처럼 완전 반대의 이미지를 지닌 정과 동의 참과 톰.

둘 중 어디를 먼저 가야 하는 것은 솔직히 모르겠다.

나는 다시 짐을 챙기고는 프놈펜으로 향했다.
분명히 나는 프놈펜에 들어올 때 안도, 했고 프놈펜에 역시 안락하게 안착했다.
내가 가장 가치 있게 생각하는 나의 마음, 안심.

옥상에 있는 숙소로 배정을 받고 잠시 기다리고 있자니 후배가 나타났다. 나는 후배가 나타날 때까지 약간은 초조하게 기다렸던 것 같다. 우리는 손을 잡고 잠시 뛰고 돌면서 즐거워했다. 확실히 이 나이에는 어울리지 않는 모습이었다. 스텝들이 우리를 약간은 가련하게 쳐다보았다. 후배는 의외로 앙코르 와트에 많은 점수를 주지 않았다. 톤레삽도 그다지. 근데 넌 어째서 여자 후배가 아니니?

후배와는 내일 시하눅빌로 가기로 했다. 오늘은 30일. 올해 마지막 날에 캄보디아 최대의 휴양지라. 어떻게든 가고 싶지 않은 최고의 거부지였는데 그렇게 되었다. 이곳까지 나를 보러 온 후배에게 내가 욕심을 낼 수는 없었다. 그래 가자, 그곳으로. 둘이라면 괜찮을 거야.

오랜만에 한국식당에서 소주를 마시고 모터를 타고 시내를 돌아다니며 신이 나서 고래고래 악을 쓴 것 같다. 소리는 거리의 소음과 가로등 불빛 그리고 밤기운에 적당히 스며들어 갔다. 강변의 바에서 초록

색의 칵테일을 마셨고 또 다른 바에서 엄청나게 큰 맥주를 마시기도 했다. 후배는 나에게 연신 고맙다고 했지만 사실, 내 쪽에서 훨씬 더 감사했다. 사실, 소주가 엄청나게 고팠거든. 그리고 같이 있잖아. 게다가 말이야. 여긴 프놈펜이라구. 고작 몇 밤만 있었지만 내 고향이란 말이다.

우리는 아침에 짐을 챙겨 시하눅빌로 가는 버스를 탔다.
무엇보다 둘이라 든든했다. 나는 이 든든하다는 감정을 참 좋아한다. 난 누군가에게 든든한 사람이 되었던 적이 있는지 궁금하다. 갑자기 가족들에게 죄송하고 또 미안하다.

시하눅빌

2012년의 마지막 날, 2013년의 첫 날.

시하눅빌 밤의 바다는 썩었다.

해변은 길었지만 짧았다.

사람들은 모두 들떴지만 죽었다.

Vertigo, Vomit

시하눅빌로 가는 길은
생각보다 오래 걸렸다. 버스 창구에서는 너 댓 시간이면 간다고 했지
만 일곱 시간이나 걸려버렸다. 버스 뒷자리에 앉은 한 캄보디아 친구
는 프놈펜에서 여행업을 하고 있다고 했다. 형을 만나러 그곳에 간다
는 그. 그 역시 우리가 묵을 오쯔디알 해변 근처에 있을 것이라고 해
저녁때 해변을 서성거리며 만나기로 했다. 그리고 우리는 저녁때 그
말이 얼마나 잘못되었으며 심지어 멍청한 것이었는지 절감하게 됐다.

오토바이 두 대에 나누어 타 시내로 들어온 우리는 시하눅빌이 작고

한적한 바닷가 마을이 아니라 정말이지 커다란 대도시였음을 깨닫게 되었다. 도로는 넓었고 중심가도 꽤 길고 컸으며 바닷가에는 여러 가지 관련 시설들이 상당히 많았다. 거의 강릉과 경포대 정도의 크기였다. 캄보디아 제2의 도시는 바탐봉이 아니라 정말이지 이곳이었다. 나는 벌써부터 밤의 시하눅빌을 보았다. 게다가 중요한 것은 모든 숙소가 풀. 올해의 마지막 날을 기념하러 온 수많은 여행객과 현지인들로 모든 숙소가 풀이었다. 게다가 숙소 가격은 평상시의 네 배 아니 다섯 배 정도였던 것 같다. 단순한 팬룸이 50불이었다. 숙소의 직원들은 아무런 준비를 하고 오지 않은 우리를 보고 다소간 측은하고 무책임하다는 표정으로 바라보았다. 후배와 나는 거의 스무 군데의 숙소를 돌아다녔고 가까스로 정말이지 겨우 방에 모기창이 뜯겨져 나간 방을 구할 수 있었다. 두 시간 가까이 이렇게 방을 보러 다닌 것은 정말 처음이었다. 바다 냄새가 전혀 나지 않는 시하눅빌. 난 무언가 벌써부터 불안했다.

후배는 카메라를 챙겨들고 바다로 향했고 난 잠시 낮잠을 자기로 했다. 어제 술을 마시고 무려 새벽 세 시에 일어난 탓에 확실히 정신이 멍했다. 나는 고질병처럼 가끔 술을 마신 후 말도 안 되는 시간에 기상을 하곤 한다.

시하눅빌 전체에는 조금의 산들한 바람도 불어오지 않았다. 바다에서 바람이 불어오지 않는다면 그 바다는 스스로 조금 더 멀리 바다 쪽으로 갈 필요가 있지 않을까. 나는 이런 바다를 태국의 파타야에서 본 적이 있다. 나는 물론 파타야의 물에 발을 담그지 않았다. 모래도 밟지 않았다.

해가 지는 것을 보고 온 후배의 사진 속에는 바닷가로 낙하하지 않고 옆의 얕은 절벽으로 숨는 선셋이 있었다. 그 선셋은 서둘러 자리를 피하는 것 같았다. 난 개인적으로 선셋을 저렇게 많은 인파와 함께 절대 보지 않는다. 그때의 태양은 오히려 장송곡처럼 음울하고 사람들은 곧 절벽 아래로 떨어질 유령들 같다.

후배와 함께 저녁을 먹으러 나온 나는 내가 잠시 걸었던 그 시하눅빌의 해변 거리를 인생에서 가장 사람을 많이 본 곳 중의 한 곳으로 기억한다. 사람들은 모두 어깨를 안쪽으로 포개어 걸었고 퀭한 눈을 가지고 어디든 걸어 다녔다. 나는 이렇게 좁은 구역에 많은 사람들이 모여 있는 것을 춘절기간의 중국 광저우 기차역 그리고 인도의 암리차르에서만 본 적이 있다.

시하눅빌 밤의 바다는 썩었다. 해변은 길었지만 짧았다. 사람들은 모두 들떴지만 죽었다.

난 잠시 어지러웠다. 바다란 곳에서 정말이지 처음 느껴보는 나쁜 Vertigo.

　　후배가 아니었다면 무슨 이유를 만들어서라도 오고 싶지 않았던 곳. 하필 그 날이 올해의 마지막 날이라는 사실은 나를 더 위축되게 만들었다. 2012년은 이렇게 가는 것 같다.

　　사람들은 모두 어디로든 목적 없이 이동했다. 무슨 떠밀리는 망령처럼 보이기도 했고 목표와 대상물을 잃은 좀비처럼 느껴지기도 했다. 그 좁은 백사장은 식당에서 내놓은 테이블과 의자들로 무슨 중고가구 덤핑 업체처럼 보였다. 난 쓰러질 것 같았다. 정말이지 구역질이 몰려왔다. Vomit. 고상한 구토가 아니다. 내가 딛고 있는 것은 모래가 아니라 차곡차곡 쌓아 놓은 음식쓰레기인 것 같았다. 캄보디아로 여행을 온 서구 여행자들의 80%가 지금 이 해변에 있을 것이라고 확신했다. 내 시야에 바다는 들어오지 않았고 사람들만 가득했다. 이게 무슨 바다야.

　　나는 무엇보다 프놈펜으로 돌아가는 버스표를 먼저 사야했다. 후배는 시하눅빌에 내리자마자 표를 샀지만 난 이틀 정도는 묵을 생각이었다. 모든 여행자들이 도착한 도시에서 모두 이틀 이상을 묵을 수는 없겠지만 그래도 캄보디아의 바다에서 하루는 조금 부족했었다. 하지만 지금 나를 구원해줄 것은 오로지 이곳을 나가는 차편이었다. 버스표마저 값이 올라 버린 시하눅빌의 한 해 마지막 날. 난 그것도 한 시간을 헤맨 끝에 프놈펜으로 떠나는 마지막 버스의 좌석번호 44번 버스표를 샀다.

우리는 이번에도 가까스로 테이블을 잡고 위스키와 해산물 요리를 시켰다. 반전이지만, 해산물 바비큐 가격은 믿기지 않을 정도로 착했고 맛도 좋았다. 해변에는 일찌감치 여기저기서 폭죽이 터졌다. 불꽃은 정말 미친 듯이 하늘로 올라갔고 고맙게도 멋지게 터져 주었다. 표현이 다소 무리지만, 전쟁은 반드시 밤에 일어나야 한다고 생각했다. 밤의 전쟁. 모든 빛들의 명멸. 소리가 빛으로 보이는 폭죽의 밤하늘. 그 밤하늘을 덮어버린 불빛은 오늘만큼 하늘의 별 수보다 많았다. 사람들은 모두 고개를 들고 스스로 소멸해가는 빛과 소리의 축제를 맘껏 감상했다. 지금 바라나시는 어떨까. 카오산은 어떨까. 뉴욕은 어떨까. 남극은 어떨까.

갑자기 어느 거구의 여성이 나에게 달려와 해피 뉴 니어를 외치며 나를 안았다. 워낙 시끄러운 밤하늘 때문에 한 해가 지난 것도 몰랐다. 나와 후배는 아무 말도 하지 않았다.

위스키로 얼콰해진 나는 예의 나만의 술버릇을 스스로 발동시켜 벌써부터 숙소로 돌아갈 생각만 하고 있었다. 후배는 어렵게 휴가를 내온 캄보디아의 밤을 이렇게 보낼 수는 없다며 한 잔을 더하러 가야겠다고 했다. 우리는 길거리에서 아주 맛없는 코코넛 주스를 마신 후 헤어졌다. 사람들은 이제야 무언가를 시작하려는 것처럼도 보였다.

그저 한 해를 보내고 다른 해를 맞는 시간.
정직하고 만족하게 살았는가? 답은 내가 알 것이다.

　새벽 다섯 시 반.

　방안에는 나 혼자 밖에 없었다. 아무런 꿈을 꾸지는 않았지만 잠에서 깨자 갑자기 공간과 시간의 감각이 없었다. 잊어버리고 싶은 꿈을 꾸었나보다. 습기 가득한 땀이 목에서 배어 나왔다. 후배와 헤어진 시간이 두 시 경. 세 시간 동안이나 더 술을 마실 수는 없다는 생각이 미쳤다. 어젯밤의 시하눅빌을 떠올려보니 분명 무슨 일이 벌어지고 만 것이라는 불안이 엄습했다. 나는 밖으로 나가야 했다. 아직도 돌아오지 않은 그에 대한 걱정으로 더 이상 잠을 잘 수가 없었다. 조금 밝아진 거리를 지나 바닷가로 향했다. 도로는 아직 어두운 탓인지 실체가 불분명했다. 마침 안개가 없었기에 망정이지 그것이 이윽고 도래해 있었다면 잠시 불필요한 망상에 빠질 뻔 했다. 바다와 새벽 그리고 안개. 이 세 가지의 조합은 다른 어떤 것들이 합쳐진다 해도 넘어설 수 없을 것이다. 사막, 밤 그리고 바람만이 가능할까. 거리는 잠잠했지만 바다가 가까워지자 아직도 많은 사람들이 흥청거렸다. 해변에는 난생처음 바다 냄새보다 맥주 냄새가 더 진동했다. 둘 다 비릿한 것은 마찬가지였지만 뒤의 것은 좀 더 천박했다. 어떤 사내는 바다를 바라보며 소변을 갈겼다. 어떤 사내는 음악도 없이 춤을 추고 있었고 나는 가장 저급한 인간의 동작은 바로 저런 것임을 느꼈다. 단어하나, 단말마의 감탄사에도 영혼이 깃들기 마련인데 저 사내의 동작에는 아무런 느낌이 없었다. 물을 사러 들어간 편의점에는 역시 한 남자가 눈을 얻어맞은 채로 멍이 들어 감자칩을 사고 있었다. 그에게 초콜릿을 사는 것이 좀 더 해장에 좋지 않겠느냐고 말할 수는 없었다. 고래고래 소리를 지르는 사람들은 어디에나 있었다. 물론, 어느 여성은 바닥에 앉아 울고 있었다. 그녀 주위를 개가 돌아다녔다. 그 개만이 그녀를 핥으며 진심으로 위로해 주었다. 아직도 수많은 인간들이 해변에 모여 있었다. 아니 난 그것을 해변 끝에 몰려 있었다로 표현하고 싶다.

어제 그렇게 혼잡하고 난잡했으며 카오스 같던 식당들은 거의 철수했다. 간간이 바에서 흔한 한국가요가 흘러나왔다. 음악은 테이프가 늘어진 것처럼 흐물거렸고 바다에서는 기억에 남을 만큼 거의 모든 것들의 악취가 났다. 어제의 기억을 더듬어 꽤 멀리까지 걸어가 보았지만 식당에도 바에도 그리고 바닷가에 있던 의자에도 후배의 모습은 보이지 않았다. 난 조금 더 걱정이 들었다. 함께 술을 마시면 후배는 항상 차수를 늘리곤 해 빨리 마시고 어떻게든 잠을 자러 가 버리는 나와는 반대의 주도를 가졌다. 난 그와 마지막까지 간 적이 별로 없다. 일단 숙소로 돌아왔다. 카운터에 놓아두고 갔던 열쇠가 아무런 설명 없이 그대로 있다. 샤워를 하고 정식으로 운동화를 신고 다시 나가기로 했다. 정말이지 온갖 잡생각이 다 들었다. 여덟 시. 아직까지 안 들어온 것은 무조건 문제가 있었다. 카운터의 직원에게서 시하눅빌은 그렇게 위험하지 않다는 말이라도 듣지 않았다면 난 정말 더 좌절했을 것이다. 어제는 분명히, 라고 해도 좋을 정도로 모든 숙소에 방이 없었다. 직원은 나에게 경찰서에 신고를 해보는 것이 어떻겠느냐고 물어왔다. 후배의 인적사항을 모두 적고 팩스로 보내기 전 조금만 더 기다려보자고 하고 다시 나왔다.

이미 하루는 어제와 다른 날이었고 한 해도 어젯밤부터 시작되었다. 완전히 날과 해가 바뀌었다. 2013년이 시작되는 아침부터 기억에 남을 만한 산책을 하게 됐다.

아까와는 다른 곳을 다녔다. 현지인들은 이미 아침식사를 하고 있었다. 아까부터 심하게 허기가 졌지만 왠지 후배에게 미안하다는 생각이 들어 차마 먹을 수는 없었지만 잠에서 깬 이후 벌써 네 시간이나 지났다. 간이식당에 앉아 닭고기가 얹힌 밥을 먹었다.

거리에 한 사내가 자고 있다. 남루한 행색을 보니 후배는 아니었지만 오버 랩이 된다. 차라리 저 사람이 후배였으면 좋겠다고 생각했다. 우리는 점심때 프놈펜으로 돌아가야 하고 후배는 곧바로 오늘밤 한국으로 돌아가야 한다. 나는 만일 버스를 타지 못할 것에 대비해 비행기 편을 알아보았지만 시하눅빌과 프놈펜은 아직 연결 노선이 없었다. 다시 숙소로 돌아왔다. 만일 지금도 후배가 와 있지 않다면 정말 경찰서에 신고할 작정이었다 그리고.

숙소의 입구에 들어서자 멀리 리셉션의 친구가 손가락으로 천장을 찌르는 시늉을 했다. 돌아왔다는 표시다. 개새끼.

침대에 가로로 누워 코를 골며 자고 있는 녀석의 엉덩이를 한 대 후려갈길까 하다가 우선은 잠이 우선인 것 같아 재우기로 했다. 나도 피곤이 몰려왔지만 왠지 모를 안도감이 앞섰기에 그냥 조용히 누워만 있었다. 방안에도 역시 바다에서 나던 술 냄새가 진동했지만 얼핏 달콤했다.

　후배의 좋은 경험이든 혹은 반대이든 그 놀랄만한 경험담은 그 방안에서만 끝내기로 했다. 우리는 체크아웃을 하고 후배가 보냈던 그 밤의 시간을 방안에 가두고 시하눅빌을 떠났다. 또 다른 투숙객이 그 방을 열면 아마 똑같은 마법의 시간을 가지겠지.

　다시 나린2로 와서 그나마 한 곳 남아있던 방을 받아 쉬었다. 후배는 먼저 도착해 있었다. 단 며칠간의 캄보디아 여행이었지만 그의 얼굴엔 확실히 여유와 편안함이 보였다. 캄보디아 여행의 진정한 결과물들이다. 여덟 시간이 넘게 걸린 데에다 이런저런 해프닝이 있던 탓에 침대에 누우니 아침과는 또 다른 안도감이 들었다. 안도감이나 만족감은 확실히 나에게 가장 원초적인 감정인 것 같다. 성취감은 저 아래에 있지 않을까. 후배를 보냈고 약간의 감기기운이 있어 밤 시간은 완전히 쉬기로 했다. 도시 간의 교통연결이 쉽지 않고 정보도 없는 탓에 아직도 다음 행선지를 못 정했다. 결국 쁘레이 벵도 안 가기로 했다. 버스가 없다는 것이 최종 결과였다. 택시를 타고 그 먼 곳으로 가는 것이 유일한 방법이었지만 사람이 살고 있는 이상 연결편이 분명히 있을 것이라는 것도, 아니었다. 왜냐하면 조금 전 프놈펜으로 들어오기 전 버스가 고장 나서 프놈펜으로 오는 방법은 모토밖에 없었는데 그마저 모두가 멀다고 거부했었기 때문이다. 쁘레이 벵은 사실 아무것도 없다는 것이 숙소에서 일하는 모두의 설명이었다. 아무 것도 없다는, 여행자들에게 묘하게 끌리고 마는 그 타이틀도 쁘레이 벵에서는 언뜻 떠오르지 않았다. 그곳은 캄보디아에서도 가장 가난하고 발전이 더딘 곳이라고 한다. 그곳을 가본 사람도 없었다. 몸을 다독이고 내일 아침 스떵뜨렝으로 바로 올라가기로 했다.

그러고 보니 시하눅빌에서는 사진을 찍지 못했다.
일견, 괜찮은 것 같다.

예전에 페루를 여행할 때 한 후배가 그 먼 리마로 온 적이 있었다. 우리는 같이 사막도시인 이카로 가서 장엄한 아타카마 사막을 보았고 쿠스코와 티티카카를 여행했다. 티티카카에서는 별 폭풍 사이로 사라져가는 유성을 보기도 했다. 보름 정도가 지나고 후배는 볼리비아의 우유니로, 나는 아레키파 이남의 페루 남부를 더 돌기로 해 잠시 길이 갈렸고 며칠 후에 우리는 적당한 날을 잡아 칠레의 국경 도시 아리카 그리고 새벽에 그곳의 한 성당에서 만나기로 하고 헤어졌다. 새벽 세 시. 졸린 눈을 부비고 그 새벽에 성당 앞에서 후배를 기다렸다 티브이에서 밀란과 맨유의 경기가 중계되지 않았다면 솔직히 힘든 시간이었다. 아무도 없던 아리카의 성당 앞에는 칠레 바닷가의 파도 소리만이 멀리서 들렸다. 국경과 새벽 그리고 성당 앞이라는 이미지들이 아주 알맞게 연결되었고 나는 사무치게 평온함을 느꼈던 것 같다. 몇 시간 정도는 그대로 동상으로 굳어져도 좋다고 생각했던 것 같다. 잠시 후 어둠 속에서 조용히 노란색의 택시가 한 대 섰고 차랑고Charango-볼리비아의 기타 같은 악기를 든 후배가 내렸다. 우리는 조용히 악수를 하고 성당 계단에 앉아 담배를 나눠 폈다. 친구들끼리 담배를 나누어 핀다는 것에는 이미 많은 물음과 답이 포함되어 있다. 나는 이때의 기억을 아주 신선하고 드라마틱한 접선이라고 오래도록 기억하고 있다. 이번 다른 후배와의 프놈펜과 시하눅빌 여행역시 그만큼의 아름다운 추억으로 오래 남을 것이다. 이 봐 친구, 우리 끝까지 가는 거야?

언제 여건이 허락되면 어디에서든 또 만나자.
시킴어때?

여행을 마치고 프놈펜에서 머물 때 또 다른 후배가 잠시 다녀갔다. 우리는 똑 같이 술을 마시고 프놈펜의 거리를 달렸다. 후배역시 마음껏 숨을 쉬며 드디어 살고 있는 것 같다고 감격해 했다. 난 꽤 괜찮은 인생을 살고 있는 것 같다.

스떵뜨렝

맥도웰, 사람의 평화.

그것은 어쩌면 강이 가져야 할

몫일 수도 있다.

Duke Jordan과 Robert Longo.

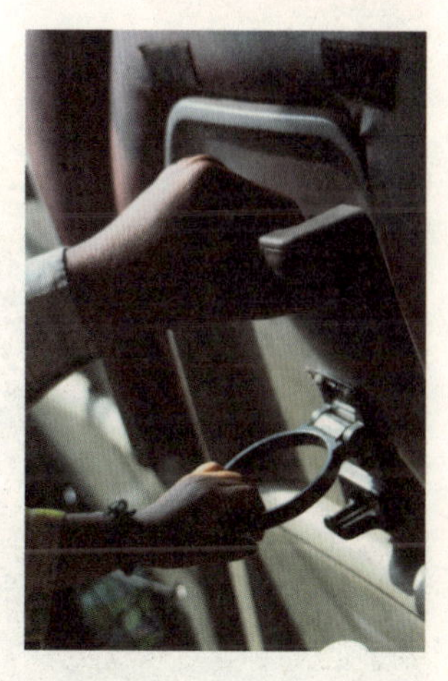

버스는 거의 바로 출발했다. 터미널 앞에서 시주를 받던 맨발의 어린 승려는 아직 그것에 익숙하지 못한지 우왕좌왕하고 있었다. 나는 제발, 이라는 표현을 써 어린이들에게는 그것이 세속에 속하든 그렇지 않든 그 어떤 일이라고 하여도 아무런 일을 시키지 않았으면 한다. 유난히 노란 우산이 마음에 걸린다.

프놈펜에는 버스 터미널이 몇 곳은 되는 것 같다. 센트럴 마켓프사 트마이-중앙시장 근처에 두 곳 그리고 오르쎄이 마켓프사 오르쎄이 근처 그리고 강변 까지나중에 보니 크고 작은 버스 회사마다 각각 다른 터미널을 가지고 있었다. 중앙

시장의 터미널은 아침부터 꽤 분주했지만 어디를 떠나든지 항상 일찍 준비를 하는 탓에 첫 버스에는 사람이 많지 않았다.

여덟 시간이 걸린다는 거리였지만 이미 마음속에서는 그보다 많은 시간을 염두에 두고 있었음이다.

프놈펜을 벗어난 후에 역시 비포장도로를 달렸고 캄퐁참에 다시 들

렀다. 며칠 전 왔을 때 안면을 익혀둔 깜퐁참 정류장의 청년과도 인사
를 했다. 청년은 두 번째의 만남이라고는 보기 어려울 정도로 친근한
미소를 지었다. 깜퐁참의 하늘은 오늘도 더없이 맑았다. 나는 조심스
럽게 다시 깜퐁참을 눈으로 거둔다.

　뜻밖에 한국인이 탑승했다. 한국인의 모습은 옷차림에서 벌써 표시
가 난다.
　"안녕하세요. 선배님"

　스떵뜨렝에 들린 후 바로 라오스로 넘어 가신다는 선배님. 친근한
부산 사투리는 선배님과 나의 간격을 단번에 좁혔고 자연스럽게 합석
했다. 선배님은 버스가 달리기 시작하자마자 미인 부인에 대한 끝없는
자랑과 잘 된 자식농사의 설명에 여념이 없으셨다. 자식들에게 교육비
만 무려 40억 원을 투자하셨다는 선배님. 64세. 나라를 걱정하기 보다
는 자신의 심장을 더 걱정해야 하는 나이. 부산에서 건설업을 하고 계
시지만 새로운 사업으로 금광을 찾기로 결심하시고 많은 공부를 하셨
다고 한다. 사업가 이전에 실업가이며 그보다 여행가의 마음을 가지고
계신 선배님. 여행을 하는 사람은 여행을 하기 때문에 여행을 하는 사
람을 알아보기 마련이어서 여행자로써 같이 여행을 하기로 의기투합
하기 마련이다. 어제부터 같이 다니시며 함께 라오스로 넘어간다던 브
라질 여성과의 뜨거운 하룻밤에 벌써부터 흥분을 감추지 않으셨지만
글쎄.

　　이상하리만큼 가보고 싶었던 미못을 지났고 이를테면, 다행이었고 끄라체와 몬둘끼리로 갈리는 스눌이라는 곳을 지나 끄라체에 도착한 시간은 이제 겨우 여덟 시간이 지난 시간이었다. 앞으로도 두 시간 이상을 더 올라가야 했다. 잠시 들른 끄라체는 생각보다 컸고 강변에 많은 숙박 시설이 있었다. 캄보디아의 숙소 걱정은 정말 불필요할 것이다. 선배님과 이런저런 이야기를 나누는 동안 드디어 열 시간 반 만에 스떵뜨렝에 도착했다. 캄보디아 사람들은 버스 안에서 너무나 조용했고 큰소리를 내지 않았다. 물론 우리도 소리를 낮추었다. 버스에서 내리기도 전에 이미 날은 어두워졌고 브라질 여성은 엄청난 재력으로 무장하신 선배님의 끝없는 구애에도 불구하고 모른척하고 가방을 챙겨 다른 뚱땡이 미국인과 떠났다. 사람이 바로 앞에서 부르는데 그렇게 못 들은 척을 할 수는 없었다. 사실 선배님이 브라질 처자를 부를 때 약간 멋없고 자신감 없이 부르기도 했다. 억양은 확신에 차있지 못했고 동작은 위축되어 있었다. 사실 조금 전에 들렀던 휴게소에서 선배가 그녀에게 콜라를 사 주었는데 같이 사 준 삶은 계란을 슬그머니 휴지통에 버리는 것을 보았다. 제대로 된 인간이라면 아무리 그 계란이 먹고 싶지 않았다고 하더라도 그렇게 버려서는 안 되는 것이다. 그 얘기는 선배님에게 하지 않았다. 길 건너에 있는 숙소를 잡고 우선 저녁을 먹으러 나왔다. 숙소의 직원은 침대가 두 개 있는 팬 룸을 이해하는 데 많은 시간과 공을 들였고 우리도 그것을 설명하는데 꽤 심혈을 기울였던 것 같다. 시내를 가로지르는 피폐해 보이는 공원 주위로 많은 간이식당이 즐비했다. 모든 곳에서 닭보다는 먼지를 뒤집어 쓴 작은 새 같은 것을 구워 팔았다. 새 구이는 타다 못해 숯이 된 것처럼도 보였다. 새로 만든 육포를 만든다면 캄보디아에 많은 기술이 있을 것 같았다.

선배님은 아무래도 술이 고프신지 계속해서 술을 사오라고 주문하셨고 나는 물어물어 어디에선가 위스키 한 병을 사가지고 왔다. 이름은 맥도웰. 그 이름마저 묵직한, 인도에서는 그나마 유명한 술이다. 42.8도. 예전에 체코를 여행할 때 마셨던 그 무시무시했던 위스키의 이름이 앞뒤 없이 그냥 Fire였다. 디자인도 없었던 것 같다. 맥도웰은 그 이름에서 Fire 만큼의 절절한 뉘앙스는 없었지만 육중함만큼은 단연 우위였다. 참, 캄보디아에도 역시 무시하지 못 할 이름의 위스키 Super가 있는데 믿기 어렵게도 가게에서 파는 커다란 병의 가격이 3,500리엘이다. 1불이 안 된다는 얘기. 싸구려 술을 좋아하지만 이 정도까지는 글쎄. 안주로는 꼬치구이 몇 개와 국수를 주문했다. 위스키와 국수라. 나는 가끔 이런 불균형 잡힌 조합이 좋다. 좋아하는 소주에는 이처럼 불균형 있는 안주가 별로 없다. 간장은 몸이 상할 때까지 술을 마시는 사람들에게 마지막으로 남는 안주라 한다. 김현식이 마지막에 그랬다지. 보고 싶다, 그.

다리가 불편한 걸인과 몇몇의 아이들이 구걸을 하러 왔고 선배님은 그때마다 돈과 음식을 아끼지 않으셨다. 우리는 그 큰 병을 다 마셨다. 나는 어울리지 않게 위스키를 비교적 잘 마시는 편이다. 얼음이나 콜라를 섞지 않기에 내가 거의 반 이상을 마신 셈이다. 나는 역시 생산적이지 못한 버릇을 못 이기고 먼저 일어섰고 선배님의 행방은 잘 모른 채로 숙소로 돌아와 기분 좋게 뻗었다. 선배님은 나에게 얼굴에 그늘이 있고 무언가를 먼저 꺼내지 않고 감추려 한다며 결과적으로 좋은 인간은 아니라고 하셨다. 막판에는 내 얼굴 앞에서 커다랗게 가위표를 하셨다. 어두운 가로등 불빛 아래에 내 앞에서 커다란 엑스표가 쳐지자 난 문득, 오로라가 떠올랐다. 슬로우 모션으로 내 앞에서 아른거리는 오로라는 선배님이 나에게 펼친 마법처럼 보였다. 난 아주 잠시 황홀해 했다. 어른들은 원래 사람을 잘 보는 법이며 나는 요즘 나란 놈이 정말 나쁜 사람의 범주에 속하는 인간이 아닐까 하는 생각으로 한참 고민 중이었다. 선배님은 나의 그런 눈빛을 그야말로 직시하신 것 같았다. 그리고 난 나에게 이런 지적을 해 주는 것이 솔직히 반갑다. 이제까지 되먹지 못하게 혼자 잘난 체를 하며 지독하게 방어막을 치면서 살고 있기에 아무도 나에게 지적을 해주지 않아 왔다. 내 친구들은 대체적으로 나를 이해하고 있는 그대로의 나를 좋아해주는 것 같지만 솔직히 말하자면 정말 단 한 번도 넌 이런 것이 문제야, 이런 점이 잘못되었다고 생각해 같은 말을 해주지 않았다.

　나에게 엄청난 지적을 해주신 분은 오로지 유일하게 아버지이다솔직히 지적을 넘어서는 것이긴 하지만. 중학교 때인가는 겨우 양말 색깔 때문에 아버지에게 크게 혼이 난 적이 있었다. 세월이 지나자 이번엔 아버지가 그때 나를 혼내셨을 때 내가 신고 있던 색깔의 양말을 신고 계셨다. 그 색깔은 다름 아닌, 고작 흰색이었다. 나는 이제 아버지에게 다시 지적을 받아도 좋을 나이가 된 것 같다.

선배님은 여섯 시에 이미 기상하셨다. 가방을 챙기는데 그 작은 가방에 알뜰하게 탐사도구들이 다 들어가 있다. 돋보기, 작은 바가지, 저울 그리고 알 수 없는 용도의 탐사 물품들. 선배님의 빤스 위로 넘나들던 쭈그러진 뱃살을 보니 약간 시큰해졌다. 같이 아침식사를 버버로 해결했고 선배님은 라오스 돈 넷으로 가셨다. 브라질 처자와는 다시 같은 버스에서

쓸쓸한 조우를 하게 되셨다. 선배님은 차의 문이 닫힐 때까지 어제 밤에도 그렇게 외치셨던 '선배는 하늘이다!!' 를 우렁차게 부르짖으셨다. 나는 또 다시 차 문이 닫힐 때까지 복명복창을 해야 했다.

부디 금맥을 찾으셔서 인생의 또 다른 황금기를 구가하시기를.

부디 금맥을 찾지 못하시더라도 인생의 황혼기를 금빛으로 물들이시기를.

나는 나이가 드신 선배님들이 저렇게 멋지게 여행을 하시는 것에 대

해 깊은 존경심을 가지고 있다. 나는 허리를 숙이고 마음으로부터 90도 각도로 인사를 드렸다.

스떵뜨렝의 시장은 아침부터 대단히 바빴다.
나이가 어린 소년은 소년의 더 어린 동생을 안고 오토바이 운전대를 잡아 그 혼잡한 시장을 침착하게 빠져 나갔다. 표정이 너무나 진지해 두 형제에게 필시 무슨 일이 일어났을 것이다.

또 다른 소년은 자신이 들 수 있는 최대의 무게를 알아내고는 이내 채소가 가득 담긴 봉지를 손수 배달하러 힘차게 페달을 밟았다. 아침의 볕 따위는 소년의 얼굴을 더 이상 찡그리게 하지 못했다.

사람들의 시선은 그 소년들을 그 어느 누구도 하대하지 않았다. 모두 같은 선에서 일을 하고 있는 동료이자 친구들이었다.

　축구 유니폼을 입은 청년은 지붕에 고작 못을 하나 박기 위해서 위태롭게 쌓은 나무 의자에 올랐다.

　세 살 정도 되어 보이는 여자 아이는 그 어떤 투정도 부리지 않고 오토바이 뒷자리에 앉아 엄마를 기다렸다. 나를 제외한 모든 사람들이 분명히 목적이 있는 삶을 살고 있었다. 무료하게 담배를 피며 손님을 기다리던 모토 기사역시 분명히 일을 하고 있는 중이었다. 생산적인

일을 하지 않고 여행을 하는 사람들을 확실히 좋지 않게 보는 시선을 가진 사람이 있는데 일견, 이해할 수 있다는 생각이 들었다.

삶 속의 난투. 난 그 속에서 도대체 무얼 하는 인간이었던 걸까.
나는 나의 초라하고 아직도 어른스럽지 못한 모습을 발견하고 스스로 시장에서 도망쳤다. 무언가 내가 감당하지 못하는 상황이 되면 난 그러고 만다.
나는 확실히 좋지 못한 사람이다.

거리를 걷다가 강 쪽으로 갔다. 강 아래 선착장에는 작은 배가 정박
해 있었고 주위에 사람들이 몰려 있는 것으로 보아 어디든 갈 것 같았
다. 무작정 승선해 보았다. 스떵뜨렝에 관해서는 정말이지 아무런 정

보가 없었지만 벌써부터 이상하리만큼 마음이 놓이는 곳이기도 했다. 이곳은 여행지가 아니라서 그런지 숙소에 지도 같은 것도 없었다. 지도라는 단어는 캄보디아어로 너무나 귀에 쏙 들어오는 팬티이다. 사람

들이 장을 본 비닐봉지들을 들고 있는 것으로 보아 멀리 갈 배는 아니었다. 한 아이는 낯선 이가 사진을 찍으려고 하자 아빠의 바짓가랑이를 잡고 몸을 뒤로 숨겼다. 아빠는 누가 뭐래도 자식의 버팀목이자 모든 것을 막아주는 방패이어야 한다. 사람들의 표정은 대체적으로 평온했다.

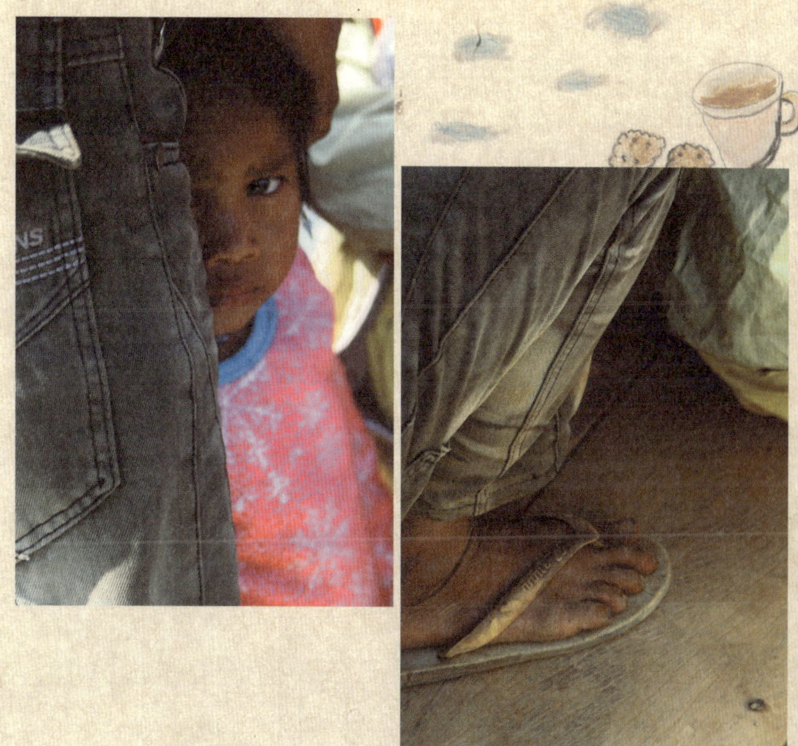

강을 건넌다는 것. 매일매일 이 느릿한 생활을 하는 이들에게 걱정거리는 분명, 타 지역 사람들보다 낮을 것이었다. 사람의 평화. 그것은 어쩌면 강이 가져야 할 몫일 수도 있다. 물이 여러 곳에서 모여 마침내 바다에서 합쳐지기 전까지 강이 해야 할 일. 인간에게 작지만 커다란 평화로움을 주라.

한 이십 분 강을 건넜다. 멀리 한 사원의 끄트머리가 겨우 보였다. 강을 건너 마을에 도착할 때까지의 시간은 십 분을 조금 넘었다. 배에서 내려 조금 걷다가 무턱대고 히치를 했다. 어느 시점부터 캄보디아 사람들이 무작정 믿음직스럽고 그냥 좋았기에 나의 동작은 거의 반자동으로 나갔다. 나는 이 히치를 꽤 좋아한다. 예전에는 서울의 수색이

라는 지역에서 홍대까지 그냥 트럭을 히치한 적도 있고, 얼마 전에는 고작 파주에서 일산까지 그랬던 적도 있다. 술김을 빌어 조금은 주책 맞고 싸구려 같은 행동임을 알지만 그래도 무언가 여행하는 맛이 나서 좋다. 사내는 나를 사원 앞에 내려주고는 분명히 돌아서 갔다. 조용하던 사원엔 아무도 없었고 그저 평범했다. 아무런 감정도 없이 그냥 커다란 사원의 사진을 본 것 같이 평면적이었다. 나쁜 의미는 아니다.

　다시 선착장으로 내려오다가 이 동네의 나름 사거리에서 모토 섭외를 했다. 조금 전 배를 같이 타고 들어왔던 한 여행자가 걸어간 쪽을 가보고 싶었다. 손짓으로 나의 요구를 설명하고 2불로 투어를 시작했다. 2분짜리 투어. 2분 만에 한 바퀴를 다 돌고 투어를 마쳤다. 단 십 여 초 만에 당도한 곳에는 이름 모를 작은 탑이 있었다. 캄보디아말로 간단하게 설명했지만 아무래도 알아들을 수는 없었다. 다 쓰러져가는 무너진 탑은 깨진 벽돌과 무슨 폐건축자재를 쌓아놓은 것 같기도 했다. 스스로 부족한 탑은 나를 보자 순간 당황한 것처럼도 보였고 이내 얼굴을 감쌌다. 곧이어 달린 곳은 조금 전에 들렀던 사원. 내릴 필요도 없었다.

　하지만 잠시 달렸던 흙먼지 길은 이제야 비로소 캄보디아에 온 것 같은 느낌도 들었다. 가슴 깊숙한 곳으로 스며들은 그 먼지를 나는 아주 맛있게 받아들였다. 소를 모는 노인이 내 앞으로 지나쳤다. 아주 천천히 소를 몰며 노래를 흥얼거리던 노인의 웃음은 내가 이제까지 보지 못했던 것이었다. 그것은 웃음을 넘고 하루를 지나고 삶을 통과한 그것이었다.

　아주 잘 생기고 예쁜 미소를 보는 것.
　숨겨진 여행의 목적과 이유, 미소.
　여행에서 미소는 거의 종교에 가깝다.

　주스를 한 잔 마시러 들어간 식당에서는 마땅히 음식이 들어가 위생을 보전해야 하는 플라스틱 진열장에 처자가 자신의 소중한 핸드백을 넣어놓고 있었다. 자신에게 중요한 것이 무엇인지 모른다면 역시 삼자는 빠지는 것이 좋다.

　선착장으로 내려오는 길에는 학교가 있었다. 수업이 한창 진행 중이었는데 아이들의 시선이 나에게로 쏠릴 것 같아 꽤 조심했던 것 같다. 무슨 일이 있어도 선생님의 수업은 최고의 시간이어야 한다. 나에게는

존경하는 부류의 사람들이 꽤 있지만 그 중에서 선생님은 거의 최고의 위치인 것 같다. 열 살 남짓한 소녀들이 미끄럼틀 위에 앉아서 재잘거리고 있었다. 소녀들은 낯선 여행자를 보자 손을 흔들어 주었다. 너희들은 언제라도 그렇게 떠들어다오. 그냥 그렇게 웃고만 있어다오. 마음껏, 아주 마음껏.

선착장 앞 식당에서 사이좋게 국수를 나누어 먹고 있었던 두 녀석은 나를 알아보고 다소 수줍은 웃음을 보였다. 수업에 들어가지 못하는 친구들과 몇몇의 아이들은 그저 문 밖에서 다른 친구들이 선생님과 재밌게 수업하는 것을 바라보고만 있어야 했다. 수업에 들어가지 못해 교실 입구를 서성이던 소년은 신발도 없었다. 다른 아이들이 교실 안에서 즐겁게 웃고 선생님을 따라 노래를 부르는 소리로 나까지 미어진다.

먹고 싶은데 먹지 못하는 것. 아니 먹을 것이 없는 것.
배우고 싶은데 배우지 못하는 것. 아니 배울 수 없는 것.
아이들이다. 그저, 뭐가 되었든 배우게는 해주면 안 될까.

오후가 넘은 시간. 이곳에서 가장 가치 있는 일은 역시 강을 따라 걷는 것이었다. 홀가분한 마음으로 강가로 나갔고 편하게 걸었다. 깜퐁참의 강변 산책과 많은 것이 비슷했지만 그쪽의 저녁이 고즈넉함이었다면 이곳은 저녁의 색이 좀 더 진하게 여울져갔기에 약간 처연했다. 이곳은 특이하게 해가 빨리 지는 것 같았다. 해 막바지의 농도는 거침없이 빨라졌고 곧바로 밤이 되었다. 노란색과 붉은색으로 이루어진 보통의 서쪽하늘은 이곳에서는 분홍색과 보라색으로 다소 침울하게 번져갔다. 스떵뜨렝에서 하루 더 묵고 넘어갈까도 생각했지만 버스 창구의 친구는 볼 것이 전혀 없다며 그다지 추천하지 않았다. 그나마 볼거리인 폭포는 북쪽인 라오스 방향으로 60킬로미터나 가야된다고 했지만 나를 이끌기에는 폭포라는 이미지가 너무 약했다. 몇 년 전에 라오스를 들리지 않았더라면 아마 이번 여행의 전체 일정은 바뀌었을

것이다. 라오스와의 국경 즈음에서 서커스를 한다고 했으면 그대로
갔겠지.

오늘 밤 꿈.
혼자 불이 켜진 천막에서 줄을 탈 것.
멋지게 날아오르고 천천히 착지할 것.
그리고 가루가 되고 다시 나비로 태어나 멀리 날아갈 것.

그냥 이렇게 아무 할 일이 없는 스떵뜨렝에 대해서는 물론 좋은 감
정을 가지고 있다.
라오스로 떠나는 사람들 그리고 그곳에서 들어와 캄보디아 여행을
시작하는 아주 적은 수의 사람들의 임시거처.
나는 이렇게 어정쩡한 곳이 좋다.
내 인생이 그래서 그런가보다.
Duke Jordan의 피아노가 그렇다고 하면 이해할까.
Robert Longo의 사진 속 주인공들이 그렇다고 하면 받아줄까.
다소 연민이 드는 도시.

이상하게 캄퐁참보다 이곳이 좋다.

*

아침으로 숙소에 딸린 식당에서 록락삿꼬라는 음식을 먹었다. 캄보디아의 소고기 볶음 요리로 한국 사람들의 입맛에 거의 92.6% 가깝다.

짐을 챙기고 강변으로 나왔다. 어제 간이 버스 창구에서는 라따나끼리 즉, 반룽까지 가는 미니버스란도리라고 불리었던 것 같다.를 7불에 불렀다. 어제는 6불이었지만 오늘은 다른 직원이 부른 가격이 그랬다. 아마 1불을 취하려고 했던 것 같은데 그래서 난 항상 버스표 값을 여기저기

물어보는 편이다. 라따나끼리는 주 이름이고 반룽이 그 주의 주도였지만 사람들은 모두 도시 이름보다는 주 이름을 앞서 불렀다. 반룽보다는 라따나끼리가 좀 더 북쪽에 있는 느낌이다. 강변에는 미니버스가 많았고 이 많은 버스들 중에서 반룽이라는, 주위에서 가장 큰 도시로 가는 버스가 없을 리는 없었다. 같은 승합차인데 돈을 더 낼 이유가 없다. 5불.

맨 뒷자리에 앉아 30여분을 기다리고는 8시 15분에 출발했다. 장담하건데, 캄보디아 사람들은 대체적으로 말이 없다. 아니 확실하게 말하자면 버스 안에서 그다지 떠들어대지 않는다. 대체적으로 얼굴들이 고단한 편이어서 삶의 무력감이 그들에게 딱히 말문을 열게 하는 것 같지는 않지만 그래도 이 정도로 조용할 수는 없지 않을까. 거의 모두들 목

소리는 낮게 냈고 특히 남자들이 더 그랬다. 캄보디아 여성의 목소리는 확실히 톤이 다른 나라보다 높았지만 소리 자체는 작았다. 중간 중간에 사람들을 태웠고 기사는 길가에 잠시 서더니 자기만의 휴식시간을 무려 이십 분이나 가졌다. 세 시간 정도 걸려 반룽에 도착. 아마 캄보디아에서 가장 질이 좋은 길로 이미 알려져 있을 이 고급스럽게 포장된 구간의 길은 베트남과의 물자 교역으로 베트남 정부에서 만들어 주었다고 한다. 이전에는 이 길을 흙을 헤집고 그야말로 길과 싸우면서 지나야 했을 것이다. 라따나끼리는 불과 몇 년 전까지만 해도 바로 다음 행선지인 몬둘끼리와 함께 캄보디아 내의 오지 중 '최고'라는 찬사를 받기에 당연한 곳이었다.

아직까지 크메르족보다는 소수민족이 대다수를 차지하고 있다고 하는 라따나끼리.

나는 마치 다른 나라에 들어서는 것처럼 조금 설렌다.

여행에서 설렘을 빼면 풍경과 사람만이 남겠지…

SHOULDERS

반룽, 라따나끼리

Neanh과 그의 형이라는 사람

그리고 키요

폭우, 물의 특별 기획전.

그 떨어지는 낙落의 예술

동북쪽의 끝. 프리다 깔로

반룽. 라따나끼리주의 주도.

사람들은 모두 반룽대신 라따나끼리로 불렀다.

　차가 선 시장 옆 터미널은 스뗑뜨렝보다 확실히 더 복잡했다. 그렇게 많지도 않은 사람들인데 말이다. 한적하고 조용한 길을 달리다가 갑자기 나타난 폭포 앞에 서있는 느낌. 나는 나른한 길의 흐름을 이어가고자 했던 것 같다. 스뗑뜨렝에서 반룽까지의 새로 닦인 길은 더없이 온화했었다. 모든 떠남의 집결지인 길이라는 곳에는 분명히 감정이 있다. 서글픔, 안타까움, 쓸쓸한 환희 그리고 완전히 보내지 못하는 격려.

ស្រាបៀរ កម្ពុជា
ស្រាបៀរជាតិ មានឯករាជ្យជាតិ
CAMBODIA
CAMBODIA
Welcome To Kol Long Market
C&T
ADVERTISING

시장 주변이 대체로 정신이 없었던 탓인지 숙소 탐방 시간을 갖지 않고 바로 정해 버렸다. Sky Inn Rattanakiri. 처음 맡아보는 독특한 담배 냄새가 방안에 가득찬 방은 약간의 습기마저도 있어 전체적으로 잘못 선택한 것 같았다. 분명히 이 방안에서 안 좋은 일이 일어났을 것이

다. 핫 샤워가 가능하다고 했지만 전혀 그렇지 않았고 온 방에 알 수
없는 여성의 많은 머리카락이 이리저리 흩어져 있었다.

　　숙소에서 자전거를 빌려 돌아다니다가 한 친구를 만나게 되었다. 반룽의 이른바, 메인 스트리트는 짧았기에 대충 이십 분이면 시내는 다 볼 수 있었다. 이름 Neanh. 다른 게스트하우스를 둘러보고 나오다가 만난, 바로 밑의 여성복 매장에서 일하는 이십 대 중반의 친구이다. 한동안 손톱을 깍지 않은 터라 아무런 예비 대화 없이 손톱깎이가 있냐고 물어보았고 닌은 바로 건네주었다. 사람은 어지간하면 손톱깎이를 바로 눈 바로 앞에 두지 않는다. 나는 닌이 내준 의자에 앉아 천천히 손톱을 깎았다. 나는 이런 뜬금없이 격식 없는 관계가 좋다. 난 그래서 길거리에서 모르는 남자끼리 서로 라이터를 빌려주는 행위를 감히, 남자들끼리의 유치하거나 기초적인 우정이라고 생각한다. 감사의 마음으로 겸사겸사 음료수를 마시다보니 영어도 곧잘 하는 편이었다. 우리는 아무런 연결고리가 없는 상태에서 갑자기 친해졌다. 닌은 이 매장에서 일하며 위의 게스트하우스까지 책임지는 그야말로 총괄 매니저. 하지만 휴일 없이 24시간 일을 하는 그에게 주어지는 돈은 한 달에 80불. 옆 가게에 있는 중국계 주인이 밥은 잘 챙겨주는 모양이다. 이 게스트하우스의 이름도 '중국인의 집' 이라는 뜻이라고 한다. 닌이 자꾸 애기를 하며 심지어 내 무릎에 손까지 올려놓자 난 나의 입장을 확실히 해야 했다. "이 봐. 난 아니야."

　　내일 투어에 관해 물으니 조금 후에 닌의 형이라는 사람이 나타났다. 아, 닌은 이때도 나의 뒤로 와서 살며시 나를 감싸 안았다.

　　"야!!"

닌은 착한 웃음을 띠며 도망갔다.

얼굴이 닮지는 않았으나 실제 친형이라고 한다. 형은 약간 허세가 있는 투였지만 막상 투어를 정하고 나니 무척 꼼꼼하게 영수증을 써 주었다. 정말 감동적인 영수증이었다. 세상에 영수증 상이라는 것은 정녕 없는 것일까. 마땅히 대상을 받아야 할 아름답던 영수증. 정확하게 단위별로 나뉜 시간과 그에 따른 방문지들 그리고 가격과 결제에 대한 확인에 무게감 넘치던 담담한 사인까지. 하지만 그는 영수증을 건네며 이곳에 땅을 사두면 분명 세 배는 오를 것이라고 갑자기 스스로를 흥분시키기도 했다. 약간 내 눈치를 살폈다. 보통 투어 얘기를 하면서 곧바로 부동산 얘기로 넘어가는 경우는 없는 법이다. 건기에 진입한터라 물이 많이 없는 폭포를 제외하고 두 개의 폭포 그리고 선셋까지. 모토 15불. 폭포를 연달아 세 개를 볼 수는 없다.

형과는 내일 만나기로 하고 우선은 반룽에서 가장 유명한 약롬호수로 직행했다.

처음에 대략 평탄했던 길은 반룽의 상징인 소수민족 동상이 있는 사거리에서 오른쪽으로 들어간 다음부터 급격하게 굴곡으로 변했다. 그리고 자전거는 브레이크가 제대로 듣지를 않았다. 브레이크를 꽉 잡아

야만 괴팍한 소리와 함께 겨우 몇 미터 앞에서 멈추었다. 경사가 급했던 내리막을 타고는 스톱. 내가 탈만한 수준의 길이 아니었다. 게다가 호수로 향하는 몇몇의 차들은 드디어 숲길에 들어선 자신들을 자축하기 위함인지 차를 세게 몰았다. 길가의 나무들은 자신들의 잘못이라고 생각한 듯 머쓱하게 길을 내어주었다. 근처의 가게에 양해를 구하고 자전거를 맡긴 후 걸어가기로 했다. 그리고 히치. 어렵지 않게 태워주었다. 자전거를 두고 온 결정은 아주 잘한 것 같다. 기본적인 자전거로는 분명 무리가 있을 고개들이 계속해서 나타났다.

입장료 6,000리엘. 현지인은 500리엘이다. 12배는 조금 심했다. 저런 산정 기준은 도대체 어디서 나오는 걸까.

호수 입구부터 사람들이 맥주를 박스 채 쌓아놓고 술을 마셨다. 아마 캄보디아인은 한국인에게 절대로 미치지는 않겠지만 꽤 음주국일 것이다. 스땅뜨렝으로 올 때 잠시 휴게소에 섰는데 남자 두 명이 그 짧은 시간동안 맥주를 사 마시고 있었고 지금 이곳의 질펀한 술판도 충분히 도를 넘었다.

Boeng Yeak Lom.

도대체 어떻게 조사하는지 모르겠지만 무려 칠십만 년 전 있었던 화산활동으로 만들어진 호수라고 한다. 깊이가 70미터나 된다고 하는 약 롬은 꽤 넓은 호수로 생각하고 왔지만 생각보다 작은 것 같기도 했고 호수를 바라보는 높이가 수면과 비슷해 약간 답답한 마음마저 있었다.

호수는 미얀마의 인레처럼 대책 없이 넓어주던지 아님 위에서 내려다보는 것이 감상의 바탕이라고 생각한다. 애매한 사이즈의 깊고 적당한 물웅덩이. 물은 맑았다.

호수의 깊이 때문인지 여기저기 주의 표시판을 달아 놓았고 구명조끼를 대여하는 곳도 있었다. 남자들이 아무런 장비도 갖추지 않고 수영을 했지만 제발 아이는 데리고 들어가지 말아 주면 안 될까. 분명히 술도 마셨을 터인데.

　　호수주변으로 몇 백 미터를 더 걸어 들어가니 에스닉 박물관이 나타났다. 라따나끼리에 산재해 있는 소수부족을 소개하는 작은 박물관은 그러나 거의 폐기직전의 모습이었다. 자진기부 형식을 띄고 있는 박물관 내부에는 부족민의 토속 악기와 안내문 그리고 용도가 불분명한 전통 생활용품들 몇 개만이 방문객의 시선을 힘겹게 잡았다. 그리고 그보다 많았던 방구석에 쌓여있던 구명조끼. 입구에서는 세계 어디를 가든 볼 수 있는 민예품을 팔았지만 그나마 상점을 지키고 있는 사람은

아무도 없었다. 소수부족민이 공연을 한다고 들었지만 어디에서고 그런 느낌을 받을 수는 없었다. 모두들 떠나가고 난 다음의 그 음울한 쓸쓸함. 그런 정경은 어지간해서는 연출할 수도 없고 다시 되돌릴 수 없다. 어째서 모두들 떠나고 마는 것일까. 아니, 돌아오지 않는 것일까.

소롯한 대나무 숲길에서 어린 스님들과 지나쳤다. 스님들과 잠시 대나무 사이로 지나는 바람을 잡아들었다. 아무 말도 하지 않았지만 우리는 분명 길 위에서 무언가를 공감했다.

호수로 나아있는 나무 데크에는 어린 중학생 녀석들이 무턱대고 호수로 돌진했다. 녀석들은 그 자체로 그냥 즐겁다. 그냥 노는 것. 나는 여행을 하고 있는 걸까. 놀고 있는 걸까.

그냥 유람이라고 해두지.

유람遊覽. 돌아다니며 구경함. 그 뿐 이기로 하자.

돌아가는 길은 다시 히치. 이들에게는 이런 행위가 익숙하지 않은지 나를 태운 사내는 역시 익숙지 않은 웃음을 보여주었다. 아홉 살 정도의 웃음이라고 할까. 6월 초의 웃음이라고 할까.

맡겨두었던 자전거를 타고 귀가. 베트남에서부터 넘어오는 트럭들이 급하게 달리는 통에 약간은 위험했다. 이곳에서 베트남 국경까지는 70여 킬로미터. 직선거리라면 솔직히 마음먹고 이틀 만에 걸어서 주파할 수 있는 거리이다. 내가 살고 있는 경기도 일산에서 임진각을 넘어 국경까지 두 배가 조금 넘는 거리. 그러나 우리는 그 너머에 갈 수가 없다.

캄보디아의 밤에는 어김없이 펼쳐지는 야시장으로 나갔다. 야시장은 기본적으로 먹거리를 위주로 만들어지기 때문에 생필품을 팔고 있는 기존 시장과의 마찰점은 없는 것 같았다. 큼지막한 고기 덩어리가 매달려 있는 비주얼 측면에서는 바람직하지 못한 생고기 구이 노점은 저녁을 거르려던 나의 생각을 완전히 바꾸어 놓았다. 근처 가게에서 맥주를 샀고 원래는 자리가 없는 집인데 의자 하나를 내줘 고기를 주

문했다. 소고기 뒷다리 양념 구이. 3불. 강력한 숯불로 구워낸 고기는 한눈에 보아도 덜 익었지만 조금만 더 구워달라는 나의 요구에 주인은 단호한 표정으로 나의 주문을 물렀다. 원래 이렇게 먹는 것이 맛있는 것이라는 표현이었다. 물론 맛있었지만 방금 전에 살고 있던 생물이 지금 나의 입으로 들어가 천천히 야욕을 가지고 있는 어금니에 씹히고 있다는 것에 대해 무작정 맛만을 논할 수는 없었다. 나는 음식을 먹을 때 감사하고 더 나아가 미안한 마음으로 먹으면 그 뿐이지 이른바, 미식을 탐하는 부류의 사람들을 좋아하지 않는다. 그런 사람들에게 모든 음식에 있어 절대 가치와 기준이 고작 맛일까?

서서히 밤으로 향한다. 과거의 오지라는 명성은 퇴화했지만 그래도
아직까지는 확실히 여행자들이 많이 찾는 지역은 아니다. 마음먹고 여
행을 하는 사람이 아니라면 라오스에서 내려와 다시 이곳으로 빠지기
가 좋은 루트는 아니다. 셀 수 있을 만큼 서구 여행자들만 간간이 보일
뿐. 나는 지금 캄보디아의 북동쪽 끝에 있다는 생각에 조금은 쓸쓸하
고 또 그만큼 낭만적인 감정에 빠진다. 대체적으로 좋은 밤이다.

휘파람을 불어볼까.
Pat Metheny와 Charlie Haden의 Our spanish love song.
밤하늘로 잘 날아간다. 잘 가. 멀리멀리.

*

　밤은 약간 추웠나보다. 밤새도록 가시지 않은 담배냄새 그리고 어딘지 모르게 편하지 않은 숙소는 바꾸기로 했다. 어제 자전거로 돌며 미리 점 찍어둔 곳. Mittapheap. '우정' 이라는 뜻이라고 한다. 중심지역과 거리가 있고 황량한 대로변에 위치했지만 무엇보다 사람이 없어서였다.

　어제 미리 예약해 둔 방은 약속과는 다르게 인터넷이 되지 않았고 창문이 한 쪽 없었다. 고스란히 거리의 소음이 밀려왔지만 왠지 아늑했다. 편하다는 것은 확실히 지극히 개인적인 느낌의 최전선이다. 천장은 특이하게 너무 높았고 아마 이런 비효율적인 구조가 잘 이용된다면 많은 부분에서 절감이나 활용을 할 수 있을 것이라고 생각했다. 방의 높이가 4미터 가까이나 되는 이유는 무엇일까.

어제 그렇게 꼼꼼하게 계약서를 쓰던 닌의 형은 오지 않았다. 대신 예스와 노 그리고 Where are you from? 이 영어의 전부인 친구가 왔다. 순진하게 활짝 웃는 웃음은 불평을 이을 새도 없이 곧 출발을 당겼다. 아홉 시. 시내를 조금 달리다 흙길로 접어들고 그렇게 오랜 시간을 달리지 않아 첫 번째 폭포인 Kating폭포에 도착했다. 이래서 내가 폭포 탐방을 주저하는 것이다. 그저 흘러 떨어지는 단순한 흐름일 뿐인 폭포는 같이 흐르고 혹은 자진해서 머무르고 때론 거침없이 전진하는 강이나 호수 그리고 파도와 달리 아무런 예술미가 없

다. 나는 솔직히 나이아가라에서도 별반 느낌이 없었다. 더구나 물이 없는 폭포는 솔직히, 물의 부인할 수 없는 실패작이다. 게다가 이런 정도의 크기라면.

남녀의 성비가 1대 15나 되는 가족 여행팀은 아마 나보다 자리를 일찍 뜬 것 같았다. 그 가족은 아마 어머니와 장모 그리고 부인과 누나와

여동생과 처제 그리고 그의 딸들과 여 조카들로 구성되어 있는 것 같았다. 그가 존경스럽다.

몬둘끼리에서 할 수 있다는 코끼리 투어가 이곳에서도 가능한지 갑자기 육중한 코끼리가 두 마리 나타났고, 개인적으로 코끼리에 마리라는 단위는 어울리지 않는다고 생각했다. 고작 개미나 벌과 같이 마리로 불린다면 아무래도 혼란스럽고 불공평하지 않은가. 진정 새로운 단어는 없는 걸까. 약간 남미 인디오의 냄새가 나던 목각 공예품을 사려고 했지만 생각보다 무거웠기도 했고 전혀 흥정이 이루어지지 않아 사지는 않았다. 다시

두 번째 폭포인 Kachang으로 이동했다. 첫 번째 폭포보다 좀 더 관광지처럼 조성되어 있는 이 까창 폭포는 폭포 밑에서 수영도 가능하다고 한다. 오히려 건기인 지금은 물이 맑지만 우기 때는 온통 흙탕물로 번져 수영은커녕 근처에 가기도 어렵다고 한다. 예전에 페루의 차차뽀야 쓰라는 곳에서 멀리서나마 보았던 곡타폭포가 생각났다. 나는 아직도 최고 여행국가로 페루와 미얀마를 꼽는다. 항상 말하지만, 멕시코는 모든 면에서 열외다.

투어는 선셋만 남겨두고 이미 끝났다. 어제 계약할 때 선셋까지 나인 투 식스로 했지만 지금은 고작 열 시 반. 별 수 없이 시내로 돌아와 기사를 물리고 선셋에 맞춰 다시 오라는 주문을 했다. 결국 총 투어 시간은 네 시간 남짓. 확실히 어제는 닌의 형에게 휘둘렸던 것 같다. 어디를 가나 화려하게 말을 하는 사람은 조심했어야 하는데.

모터를 몰고 친구는 네 시 반에 다시 왔다. 친구는 아직도 웃고 있었다.

하늘은 어두웠다. 나는 작년 미얀마 여행을 통해 선셋에 대한 과도한 애정과 그것에 대해 집착했던 기억들을 없애기로 했다. '기억을 없

앤다.' 라고 하는 것은 이를테면 떠날 때가 되었다는 것과 다르지 않음이다. 그만큼 기대를 접었고 또 오늘 이곳 반룽의 주변 상황 역시 그랬다. 선셋을 보는 것은 전적으로 나의 의지와는 아무런 상관이 없다. 나를 태우고 간 모토는 처음에 엉뚱한 곳에 나를 내려주었지만 이내 다시 나를 찾아 다른 곳으로 이동했다. 산 정상의 움막에 살며 사탕수수를 말리던 어린 아이들. 아이들에게서는 부모의 어떤 흔적도 보이지

않았다. 그저 큰 오빠가 어린 동생들을 그리고 큰 누나가 막내 동생을 챙겨주고 있었고 동생들은 이미 불평하지 않고 따르는 모습이었다. 아니 아이들은 애초에 형제나 남매가 아니었을지도 모른다. 누구하나 울지 않고 보채지 않던 저녁 무렵의 정경. 캄보디아인들의 가장 큰 장점을 꼽으라면 아직 한 달도 안 된 경험이지만 단연코, 그들은 '불평하지 않는다.' 로 말하고 싶다. '불만이 없다.' 와는 조금 다르고 얼핏 순응하는 것처럼도 보이지만 그들은 말 그대로 자신에게 주어진 삶에 스스로 녹아든다. 그들에게 현재 그들을 붙들어 두고 있는 확실한 종교가 없는 상태에서 이런 점은 그 가치를 증폭시킨다. 누군가는 캄보디아의 가난한 모습이 너무 불편하다고 했지만 그들은 그럴지언정 확실히 인생을 질기게 즐기는 방법도 같이 가지고 있는 것 같다. 라오스보다는 훨씬 밝은 사람들. 미얀마보다도 더 편해 보이는 사람들. 캄보디아인들은 작은 기쁨을 큰 행복으로 바꾸고 거대한 삶 속에서 직접 자신들의 인생을 녹여낸다.

스님 두 분이 계속해서 사진기에 대해서 관심을 가져왔고 여러 컷을 찍어 드렸다. 한참 반항하거나 세상에 물들어갈 시기에 그 길을 택한 그들에게는 이미 다른 방도가 없겠지만 역시 그리고 이미 담담하게 삶을 받아들이는 모습들이었다. 원래 사진을 거의 안 찍지만 스님들이 같이 찍자고 하셔서 같이 찍었다. 한 스님이 내 옆에 섰고 아주 자연스럽게 손에 깍지를 끼어왔다. 나는 그 깍지를 굳세게 잡았다. 내 옆으로 쭈볏하던 다른 스님도 와 스님 역시 마찬가지의 행동을 했다. 우리는 해가 지는 방향을 바라보며 모두 손을 이어 잡았다. 희미한 해는 멀리 구름과 함께 뿌옇게 번지며 오늘 하루의 마지막 기억을 넘는다.

이 죽일 놈의 감당하기 어려운 시간.
난 솔직히 선셋을 떠나지 못할 것 같다.

일본인 키요를 만났다. 독도 문제로 한참 흥분해 있는 시마네 지역의 사람이다. 독도는 대한민국의 영토임이 너무나 분명하기에 의견 따위를 물어볼 필요가 아예 없다. 24살. 호주에서 워킹 홀리데이를 마치고 새로운 학기가 시작될 때까지 다니는 여행. 라오스에서 어제 넘어왔다고 한다. 요즘 혼자서 일본어를 나름 공부하고 있는 탓에 영어와 일본어가 뒤섞여 자리가 만들어졌다. 일본 전통요리를 공부하고 있다는 키요는 그러나 요리사로서 어떻게 그것이 가능한지는 모르겠지만 채식주의자였다. 일본에서는 불과 백 여 년 전만해도 고기를 먹으면 국가차원에서 벌칙을 주었다고 하며 실제 일본 전통요리에는 고기가 들어가지 않는다고 한다. 비흡연자이며 Pesco-vegetarian 즉, 유제품과 달걀 그리고 생선까지는 먹는 채식주의자. 버버를 먹으면서도 냄새로 고기가 들어갔었는지를 판가름하고 장아찌를 맵다고 하는 키요. 언제든지 시마네로 오면 방 한 켠을 내주겠다고는 했지만 글쎄. 누구든 같이 사는 것에는 자신이 없다. 키요.

키요와는 내일 같이 투어를 떠나기로 했다.

나는 일본인들과의 여행정서가 며칠 정도까지는 꽤 맞는 편이다.

조용히 돌아온 방안에서는 도마뱀이 마치 새처럼 쩍쩍거리며 울고 있다.

같이 있어줘서 고맙다. 뭐든 네가 하고 싶은 대로 하렴.

키요는 약속한 아홉 시가 되기 전에 왔다.

어제 말한 대로라면 6불에 빌렸을 오토바이는 오늘은 다른 직원이 7불이라고 했다. 6불 지급. 소수민족 마을로 가는 길은 베트남 국경 쪽으로 한참 달려야 했다. 키요가 거침없이 내 달리는 바람에 아침의 바람은 한기로 다가왔다. 아무래도 길을 찾기가 어려워서 길가에 오토바이를 대고 오토바이 수리점이 딱 한 곳 있던 가게로 들어가 길을 물었고 마침 바로 그 길 앞에 왼편으로 꺾어 들어가는 작은 길이 보였다. 키요와 나는 더 이상의 물음과 서로 간의 확인 작업 없이 그 길로 다시 달렸다. 키요는 어제 소수민족 부락이라고 듣고 갔다 왔다던 반룽 북쪽의 다른 곳보다 많은 볼거리가 있다며 좋아했다.

계속 흙길을 달렸다. 경치가 사뭇 달랐다.

중간에 내려 500리엘 하는 진한 노란색의 파인애플 주스를 마셨다. 너무나 달아서 물론 다 마시지는 못했다. 쫌립수어안녕하세요와 어꾼감사합니다을 얘기해도 반응이 없었다. 분명히 캄보디아어를 안 쓰는 사람들인 것 같았다. 다시 달려 흙먼지가 부는 사거리 식당에 앉아 아이스커피를 한 잔씩 했다. 키요는 설탕도 먹지 않았다. 이번에는 너무나 진했다. 역시 500리엘. 너무 싼 것 아닌가.

어디를 달리던 온통 고무나무 숲이었다. 나는 고무나무라는 것을 처음 보았다. 실제로 하얀 수액이 접시에 담겨 있다. 한국인이 이곳에서 사업을 하고 있다는 얘기도 들은 것 같다. 도무지 길을 잃은 것 같아 중간에 내렸고 한 사내로부터 이 길로 곧장 가면 반룽과 만난다는 얘기를 들었다. 그들의 얘기 속에 반룽이라는 단어를 찾아낸 건 다행이었다.

키요는 다시 민가가 나타나자 바로 모토를 세웠다. 얼굴에 도무지 근심이란 없는 아낙이 전통 담배처럼 보이는 나뭇잎과 궐련만으로 된 담배를 말아 건네었다. 필터도 없이 모든 것이 그대로 폐와 뇌에 전달되는 획기적이고 참신한 담배였지만 어딘지 나쁜 건강과 직결되는 것 같지는 않았다. 나는 이런 담배를 멕시코 남부의 어딘가에서 피워본 적이 있다.

그리고 마당을 뛰어다니며 장난을 치던 돼지새끼 삼형제를 찍을 때 카메라가 고장이 났다. 렌즈의 말썽. 나는 고작 이것가지고 커다랗게 좌절한다. 이런 좋은 풍경을 두고 말이다.

반룽에 도착해 나는 숙소로 직결했다. 나는 무슨 일이 있으면 일단 시간을 벌고 본다. 키요는 아쉬움에 다시 질주를 하러 떠났다. 키요의 점퍼가 다시 펄럭였다.

렌즈는 그냥 이렇게 먹통으로 다녀야 할 것 같다.

할 수 없는 것은, 할 수 없는 것이다.

나는 평소 이 점을 패배주의나 회의적인 시각으로 보지 않고 오히려 합리적이고 실용적인 생각으로 돌려버린다. 나는 억지가 싫다.

여섯 시에 키요와 닌의 가게 앞에서 만나기로 해서 다시 나갔다. 반룽의 저녁 무렵은 너무나 평온했다. 라따나끼리의 저녁. 아마도 이것이 라따나끼리의 핵심이겠지. 닌의 형은 키요에게 쓸데없이 힘자랑을 하며 맥주내기 팔씨름을 하고 있었고 대단한 열정적으로 이겼다. 그것은 승부욕도 아니고 뭣도 아니었다. 그저 얄팍한 에너지의 낭비 같았다. 물론 나도 졌다. 나는 당연히 그의 수에 말릴 것 같아 내기는 하지 않았다. 그는 끊임없이 무언가를 과시하려고 했다. 어제 분명 모토 일만 하고 있다는 동생의 얘기를 들었는데 오늘은 자신이 이 게스트하우스를 렌트하여 관리하고 있다고 한다. 어제 동생에게 들은 바로는 그렇지 않다고 하던데?라고 물으니 곧바로 농담이라는 그. 거짓말도 때로는 재능이라던데. 그렇지만 세기가 약하군. 닌의 형은 또다시 물어보지도 않았는데 자신의 현재 부인은 꽤 어리다며 말을 이어갔고 그들의 고향인 스떵뜨렝에 대해서 물으니 자신이 그곳에서 여자친구를 15명이나 사귀었다고 한다. 그것이 그 동네를 설명하는데 가장 중요한 포인트인 것이었을까. 맥주를 같이 한잔 하자길 래 당연히 그러지 않기로 하고 키요와 빠졌다. 자네, 그런 순발력을 작가로 승화시킬 수는 없을까?나 진지해 지금.

식당에 가서 맥주와 감자튀김을 주문했다.

시키지도 않은 콜리플라워 소고기 볶음이 나와 키요는 단단히 불편해 했다. 키요는 그저 물어봤던 것인데 주문을 받았던 종업원은 스스로 질문을 주문으로 승화시키고 이윽고 화까지 내며 주방으로 사라졌다.

자리를 옮겨 라따나끼리에서 유명하다는 캄보디아 전통주를 찾아 나섰다. 스카이 인의 친절한 직원이 설명을 하며 내가 봐도 어렵고 복잡한 지도를 그리다가 직접 식당까지 모토로 데려다 주었다. 지도를 그리는 것은 이처럼 절제와 간결함 그리고 정확한 정보를 담고 있어야 하므로 극도의 주의력과 배려가 필요하다. 지도에는 회화와 수학 그리고 과학과 윤리가 들어있다. 전통주는 몇 개의 플라스틱 통에 과일주와 한약주가 들어있었다. 우리는 37도짜리 한약주를 선택했다. 나를 위해 족발 삶은 것과 키요를 위해 땅콩을 시켰다. 오전에 키요가 열심히 모토를 달려준 덕분에 저녁과 술은 내가 사기로 했다. 종업원은 땅콩을 달라는 키요의 주문에 무려 10그램에 6,000리엘이라는 계산이 쓰인 종이를 들고 왔다. 물론 잘못된 계산이라고 믿고 싶다.

술을 그다지 좋아하지 않는 일본인답게 술자리는 일찍 끝이 났다. 우리는 마지막으로 국수와 흰죽을 시켜 먹고 자리를 파했다.

키요는 고등학교를 나오지 않아 원래 영어에 다소 서툴렀었지만 호주에서 이 년을 산 덕에 지금은 충분히 자신의 의사를 말할 수 있다고 했다. 형은 몸이 불편하며 고등학교 이후로 대화를 거의 하지 않았고 부모님은 이혼한 상태, 역시 어머니가 어디 계신지 모른단다.

이틀 간 즐거웠다 키요. 우리는 각자 이메일을 교환하고 악수를 했고 기약 없이 프놈펜에서 만나기로 했다. 키요는 친구가 있는 육십이 넘는 친구라고 하는 그 일본인은 지금 까엡에서 유기농 농사를 짓고 있다고 한다. 까엡으로 간다고 했다. 일본으로 돌아가면 부디 원하는 일 이루길 바란다.

프놈펜에 들어오면 연락 다오.
키요. 키요츠케테.

*

원래는 라따나끼리에서 센모노롬이 있는 몬둘끼리로 바로 넘어가려고 했다. 남쪽 직선거리 아래에 센모노롬이 있었다. 예전에는 시장 앞에 있는 미니버스 터미널에 몬둘끼리로 가는 버스가 있었지만 현재는 운행되지 않는다고 했다. 정말 그랬다. 룸팟이라는 마을이 반룽에서 조금 밑으로 내려가면 있었지만 지도상으로만 보아도 반룽에서부터 센모노롬까지는 거의 스떵뜨렝에서 스눌까지의 짧지 않은 거리였다. 게다가 전 구간이 비포장. 아마 이 구간이 캄보디아에서 가장 힘든 구간이자 현재 남아있는 제대로 된 오지가 아닐까. 서구의 라이더들은 가끔 이 길을 이용해 몬둘끼리로 넘어간다고 한다.

어제 닌은 오늘 라따나끼리에 비가 온다고 했다.
어디에서든 진정 캄보디아의 비를 보고 싶은 마음 간절하다.
예전 라오스의 나힌에서 만났던, 보았던, 겪었던 그 부숴버리고 무엇이든지 무너뜨릴 것 같던 잔학함마저 있었던 비. 비는 가끔 칼과 같고 확실히 아이러니하게도 눈물과도 같다.

이른 아침 라따나끼리에는 아직 비 소식이 없었다. 얼마 전 뽀삿에서 잠시 밤에 내리기도 했었지만 열흘 정도 남은 상태에 분명히 어느 지점에서 난 당신과 마주할 것이고 그 절정의 아름다움 앞에서 나의 무릎을 공손하게 끓고 말 것이다.

폭우, 물의 특별 기획전. 그 떨어지는 낙落의 예술.

닌이 얘기한 대로 아침 여섯 시부터 숙소 밖에서 기다렸다. 버스 출발시간은 여섯 시 반이었고 표는 어제 닌으로부터 사 두었다. 어둠이 약하게 가시지 않았고 공기는 더없이 맑았다. 사람을 보고 '맑다' 라고 얘기하는 것은 사실 자기네들끼리의 유치한 자위이다. 사람이 이렇게 맑다니. 거짓말.

몬둘끼리로 직접 내려갈 수 없는 까닭에 나는 끄라체로 행선을 바꾸었다.

닌은 20분이 다 되어 나타났다. 멀리서부터 손을 흔들고 있어 반가웠다. 우리는 가볍게 악수를 했고 벌써부터 이별을 준비했다.

아마 이제까지 캄보디아 여행에서 가장 인상 깊은 시간이었을 닌의 오토바이 뒤에 타서 터미널로 가는 길은 새벽의 맞바람과 더불어 무척 좋았다. 나는 짧은 시간이었지만 닌을 친구로서 조금 좋아했던 것 같다. 버스 터미널은 반룽의 외곽에 있었고 그 다소 먼 거리를 엄청난 속도로 내 달렸다. 터미널에는 어제 길거리에 그렇게 없던 서구 여행자들이 잔뜩 있었다. 아마 그들이 모이는 숙소는 따로 있는 것 같았다. 일부는 여기서부터 멀고도 먼 시엠립으로 또 일부는 프놈펜으로 그리고 새로운 나라인 라오스의 국경으로. 닌과 눈인사를 하고 가방에 있던 남아있는 남성용 화장품 샘플을 모두 주었다. 닌과는 너무 좋았지만 형이 변수로 작용한 점 많이 아쉽다. 만일 반룽에 또 오게 된다면 꼭 같이 한잔 하자.

참, 형은 데리고 오지 마. 네 형은 너무 미지근해.

그리고 네 핸드폰 사진 속의 여장을 한 친구 녀석도 불러.

립스틱 색깔은 좀 더 라이트하게 바꾸라고 전해주고.

예쁘긴 하더라.

라따나끼리에서 끄라체로 가는 여행자는 나뿐인 듯 결국 나 혼자 내렸다. 네 시간. 스떵뜨렝을 들리지 않고 곧바로 다른 길로 빠진 탓에 시간이 얼마 걸리지 않은 것 같다. 옆에 앉았던 아직 소년이라고 해도 좋을 친구는 나에게 중간에 어색하지만 수줍게 생수를 권했고 껌을 주었다. 껌은 간만에 진심으로 참신했다. 그다지 지루하지 않은 길은 오랜만에 크래쉬가 도와주었다. 어서 빨리 크래쉬가 다시 제자리를 잡아 제 2의 전성기를 누리게 되기를 바라는 마음 간절하다.

끄라체

끄라체에는 어느덧 들
어와 있었다. 아무런 걱정도 없고 모든 것이 이미 익숙해져 있다.

끄라체에 내리자마자 호객꾼이 추천한 게스트하우스로 같이 가게
되었다.

선글라스를 낀 사내의 눈은 당연히 보이지 않았다. 눈을 가지고 그
사람의 많은 것을 판단할 수는 없지만 적어도 '가늠' 하게는 해 준다.
인간에게 눈이 어째서 코보다 안쪽으로 들어가 있는지 모르겠다. 론리
플래닛이 추천했다는 그의 설명은 사실 중요하지 않았지만 4불이라는

가격에는 조금 흔들렸다. 진짜 쓸데없는 얘기지만 난 이 '흔들리다' 라는 단어를 너무 좋아한다. 그 하늘거리지만 마이너한 스윙감. Sway. ゆれる.

방을 정하기는 했지만 어딘지 4불의 역할을 충실하게 하는 방이라고

생각했다. 우선 밖으로 나가 이제까지 먹었던 바이차 중에서 가장 형편 없었던 것을 터미널 옆 중국식당에서 먹었고 주인은 차이나와 재팬 이후 코리아를 몰랐다. 강변을 걷다가 괜찮은 숙소를 알아보고는 다시 덜컥 이틀 치를 주어 버렸다. 이후 시간부터 내일 아침까지 그 방에서 보내야만 한다면 6불을 재투자해서라도 마음 편하게 있을 필요가 있었

다. 그렇게 하라고 이번 여행 때 누나가 또 많은 돈을 주었다. 주위에는 남녀노소를 막론하고 진정으로 누나를 소개시켜 달라는 사람들이 많다. 끄라체에서는 사실 아무 계획이 없어 경비의 압박이 거의 없었다. 이로써 예전 인도의 맥그로드간즈와 바로 뒷동네인 다람코트처럼 두 집 살림을 하게 되었다.

움직이지 않던 렌즈는 갑자기 조금 움직이더니 안으로 다시 말려 들어왔다. 이래저래 속을 썩이는 것은 마찬가지이다.

강변을 걷다가 선착장 아래로 배가 닿는 것이 보여 배를 타기로 했다. 조금 멀리 보이는 강 건너로 갈 것이다. 1,000리엘. 배 안의 사람들은 모두 원래부터 아는 사람들인 것 같다. 하긴 끄라체가 고향이라면 몇 집 건너서 다 아는 사이겠지.

사막. 내가 절대 지나칠 수 없는, 내가 마지막에 잠들 나의 무덤.

난 예전에도 썼지만 몇 곳의 사막을 가보았다. 페루의 아타카마, 중국의 명사산, 서인도의 자이살메르 그리고 작았지만 너무 좋았던 베트남의 무이네. 그리고 머지않아 사구가 있는 일본의 돗토리도 다녀올 것이다. 사막에 서면 마치 세상에 드디어 혼자 남고 말았다는 극도의 안정감이 든다. 그곳이라면 마침내 끝에 다다르고 말았다는 묘한 안식이 생긴다. 끝. 언젠가는 반드시 만나야 할 모든 인간의 마지막 길. 내 모든 기억의 결정지. 모든 것을 시작해도 혹은 끝을 내도 좋은 그 허무한 길의 무덤. 언젠가 분명히 고비를 갈 것이고 난 그곳에 나의 모든 것을 두고 올 생각이다. 그리고 이 끄라체에도 있다. 사막이.

메콩에서 쓸려온 모래들은 각각 이합과 집산의 반복 그리고 폭발에 이은 폭발의 재구성을 통해 드디어 이곳에서 태어나 서로에게 밀착하며 드디어 모래의 장막을 만들었다.

극단적으로 말해서 사막은 모래로 뒤 덮여만 있으면 된다. 모래는 세포처럼 작고 조용히 행동하지만 결국 핵분열 같은 모래분열을 통해 커다란 산이나 들판을 만듦으로써 그들의 정체성을 완벽하게 이루어내고 만다. 듄Dune이 있다면 완성이 되겠지만 까짓 끄라체에서 언덕은 조금 미루자. 펼쳐진 백사장과는 조금 다른 끄라체의 작은 모래사막. 이것이 사막이 아니라면 사장이라고 해두자. 그렇게 생각해도 좋다. 하지만 내게 있어서 이곳은 작은 사막이다. 게다가 메콩과 같이 있다면.

자전거를 빌려 마을의 끝까지 가보았다. 대략 20분정도 걸렸다.
조용히 고무바퀴가 굴러가고 모래사막과 메콩이 힐끗 보이는 오롯한 길을 혼자 달리니 왠지 행복감이 밀려왔다. 역시 혼자가 좋다. 세상에 있는 모든 사람들보다 내가 왠지 뭐든 우위에 있는 사람처럼 우쭐하게 느껴졌다. 섬의 끝에는 놀랄 만큼 훌륭한 리조트도 있었다. 커다란 개가 지키고 있는 리조트에는 수영장과 빌라형식의 건물이 마치 새로 발견된 유적처럼 말끔하게 자리하고 있었다.

다시 선착장으로 돌아와 혹시 숙박시설이 있냐고 물으니 그제야 마을지도를 한 장 준다. 아, 미리 주었더라면. 지도에 나와 있는 대로 게스트하우스를 다시 찾아 나섰다. 세 집 살림을 하더라도 이 조용한 마을에서 하루 정도는 묵어갈 심산이었다. 이 섬에는 숙박시설이 세 군데 표시되어 있었다. 동네의 청년들은 오두막 그늘에 앉아 낮술을 즐기면서 동시에 인생을 버리고 있었다. 나를 보고 손을 흔들어 주었다. 갑자기 달려가서 당장 그 자리에 강제합석하고 싶었지만 아무 말도 통하지 않는 열 명의 사람들과의 술자리는 의외로 피곤하다. 나는 확실

히 사회적이지 못하다.

홈스테이라고 간판이 있는 곳에 들어가니 커다란 검정 개 세 마리가 나를 보자마자 달려왔다. 격하게 짖는 소리는 갑자기 환청처럼 들리기도 했다. 나는 갑자기 몸이 굳어 버렸다. 그곳에서 일하는 젊은 처자는 개에 둘러싸인 나를 보고 그냥 웃고만 있었다. 개들은 정성을 다해 침을 튀기며 눈을 희번덕거렸다. 나는 그냥 하늘만 처다볼 뿐이었다.

여기 홈스테이인가요?
Yes.

홈스테이 맞죠?

No.

여기 게스트하우스인가요?

Yes.

게스트하우스 맞죠?

No.

……

지도상에는 홈스테이와 게스트하우스가 동시에 표기되어 있지만 현재는 운영하지 않는다고 생각해도 되겠다. 아까 들렸던 리조트 바로 근처에도 게스트 하우스가 있다고 했지만 난 찾지는 못했다.

다시 짧지만 조용한 사막을 건너 끄라체로 돌아왔다. 약간의 바람도 불어주었기에 난 모래도 조금 마신 것 같다. 눈과 위에 모두 모래를 담았으니 무언가 든든했다.

저녁을 먹고는 강을 따라 산책했다. 끄라체에서는 아주 당연하고 자연스러운 일정이다. 하루의 일과 중에 걸어서 강변을 산책하는 일이 있는 것은 정말이지 감사한 일이다. 한참을 외곽으로 나갔다가 다시 시내로 돌아 들어왔다.

몇몇의 연인들과 자전거를 타던 어린 남매들 그리고 주변에서 장사하는 상인들 모두는 아주 조용하게 끄라체 강변에 녹아들었다.

무엇이든 그래야 할 오후 여섯 시.

가족을 모두 만나기 한 시간 전.

여행자라고는 전혀 없던 외곽의 길에는 캄보디아 사람들이 자신들
의 삶을 살아가고 있었다. 철공소에서 저녁까지 그 뜨거운 불빛을 받
아내며 용접을 하던 청년. 잘 잡히지 않는 얼음 덩어리를 순간적으로
자신의 옷으로 싸매고 가게로 배달하러 들어가던 소년. 아낙은 바닥에
떨어진 채소 껍데기를 알뜰하게 주웠고 할머니는 일을 하러 간 엄마를

대신해 손자에게 자신의 젖을 물렸다. 모두들 나와는 다른 삶을 살고
있는 사람들.

꿈을 꾸기 전에 자신의 앞에 놓인 삶에 책임을 다하는 사람들.
꿈이 끝난 것을 알고 나면 현실로 돌아가는 법을 아는 사람들.
그것이 성인이고 어른이다.

　강을 보며 사는 사람들. 바다를 보며 사는 사람들. 그리고 설산을 보며 사는 사람들. 무엇이 되었든 매일매일 차 소리를 들으며 사는 것이 이제 난 진심으로 힘들다. 따지고 보면 눈을 뜨자마자 눈앞에서 차들이 시끄럽게 돌아다니는 이 상황은 어디서부터 시작된 걸까. 나는 머지않아 복잡한 도시를 뜰 것 같다. 한국이라면 아마, 주문진이나 진도 정도가 될 것 같다. 나는 정말 진도가 너무 좋다. 생각보다 많이 알려지지 않은 한반도 서남단의 숨은 육지섬.

끄라체에는 자주 정전이 되었다.

모든 것은 어둠 속에서 깜박였다.

이상하게도 이번 여행에서는 밤별과 제대로 된 선셋을 아직 보지 못했다. 아까 그 작은 사막에 누워 메콩이 흘러가는 소리를 들으며 밤하늘의 별을 본다…… 글쎄. 내가 무얼 잘한 걸까.

*

끄라체에서 가장 보고 싶었던 것은 백 개의 기둥으로 이루어진 사원이었다. 우선은 북쪽에 위치한 삼보르Sambor라는 마을로 간 후에 다시 사원까지 찾아 가야한다. 우선 모토택시. 강변에 줄지어 나와 있는 오토바이 중에 가장 선하게 생긴 사람을 찾았으나 15불을 불렀다. 삼보르까지 32킬로미터 그리고 다시 몇 킬로를 더 가야한다면 10~12불 정도가 적당할 것 같다는 계산을 안고 접근했다. 바탐봉 미스터 필레와의 투어가 그랬고 캄퐁톰의 삼보르 쁘레야 꾹 투어 금액이 거리대비 하회했기에 나에게는 적정 가격이 이미 형성되어 있었다. 모토기사들은 왓 삼보르 혹은 다른 이름인 왓 사르사르를 몰랐다. 작대기를 가지고 땅바닥에 사원 지붕과 백 개의 기둥마저 그리려다가 그만 두었다. 열 개의 기둥이 넘어가자 그림 자체가 엉망이 되어버렸다. 지극히 유아적이고 비생산적인 접근이었다. 나는 정말로 백 개를 그리려고 했던 걸까. 시장 뒤편에 있는 버스 정류장으로 갔다. 어떤 이는 무려 25불을 불렀다. 글쎄, 어떤 곳인지는 모르겠지만 왠지 적어도 그 가격은 아닐

것이라는 확신도 함께였다. 기사는 계속해서 나에게 가격을 부르라고 했지만 서로간의 희미하나마 신뢰가 끊어진 이상 거래는 안 하는 것이 서로에게 좋지 않을까. 트럭버스가 열 한 시 반에 떠난다고 했지만 아직 한 시간 반이나 남았고 그 시간에 떠난다는 보장도 없었다. 다소 신식의 봉고차를 몰고 있는 청년이 25불만큼 터무니없는 액수인 4불을 불렀다. 왕복은 아니고 그곳까지만 가는 액수였다. 왠지 조금 전에 누구에게든 잘 보이려고 주위의 시멘트 포대를 열심히 날라주었던 것이 그들의 기억에 남았나 보다. 출발. 갑자기 다른 녀석들이 둘이나 더 탔다. 눈매가 날카로웠지만 얼굴 자체는 착한 얼굴들이다. 나는 지금까지 캄보디아를 여행하면서 정말이지 단 한 번도 위험하다고 생각해 본 적이 없다하지만 여성 혼자서 캄보디아 여행을 하는 것은 말리고 싶다. 자세를 고쳐먹는 수준에 그치기도 했지만 아무래도 생산적이지 못한 운행이다. 아무래도 4불은 역시 무리였는지 중간에 자기들끼리 긴밀히 이야기를 하더니 이내 곤란한 표정들이다. 계산을 잘못했나 보다. 아무래도 안 되겠다는 표정들이길 래 자진하차. 다시 한참을 걸어 돌아와 강변 쪽으로 다시 왔다. 무얼 하고 있는지 모르겠지만 어쨌거나 오늘 안으로는 갈 심산이었다. 걷고 있자니 한 사내가 옆으로 다가와 바로 오늘 레스토랑을 오픈했다고 소개한다.

너는 아마?
스페인.
아, 바르셀로나였다.
둘은 다르다.
멕시코에서 조금 살았던 나는 스페인어가 생활하기에 약간 지장 없을 정도로 되는 편이다.
안드레스. 이곳에서 무려 5년을 살았다는 그. 이제야 가게를 오픈했다면 준비를 도대체 몇 년을 한 것인가. 그의 식당에서는 도미토리까지 운영했다. 잠깐 들어가 보았지만 2불이면 준수했다. 잘 되기를. 커피를 한 잔 하고 다시 사원을 찾아 나서기로 했다. 안드레스 역시 백개의 기둥 사원을 추천했다.

오랜 세월동안 묵묵하게 모토만 운전한 것 같은 초로의 아저씨. 10

불 출발. 이제까지 캄보디아에서 본 중에 가장 낡은 오토바이로 천천히 달린다. 오토바이에서는 낡고 둔탁했지만 정감 있는 소리가 났다. 그의 등 뒤에 앉아 그의 아들과 딸 그리고 젊었던 아내와 이제는 나이가 들어버린 그의 어머니가 세월을 보냈을 것이다. 그의 모습은 그 자체로 한 권의 사진첩처럼 보였다. 주유소에서 기름을 가득 넣었고 사내의 넓은 뒷모습은 신뢰감을 주기에 충분했다.

한 시간 이십 분이 걸렸다. 생각보다 많은 시간이 걸렸다. 80분이나 덜덜거리는 지지대를 잡고 달렸더니 손에서 전류가 흐를 정도로 저리다. 입장료는 따로 없었다.

　　Wat Sorsor Muoy Roi가 공식 이름인 이곳은 보통 삼보르라고도 불린다. 앙코르 이전 시대의 사원이었다던 이 사원은 이미 재건축 되어 본모습은 상당히 없어졌지만 규모가 의외로 커서 얼핏 성처럼 보이기도 했다. 물론 사원 내부의 부처 일대기를 그렸다는 벽화도 현세에 만들어진 것이라고 한다. 노란색으로 칠해진 백 개의 기둥은 다소 얇다는 느낌을 받기도 했지만 사원의 역사와 관계없이 그저 묵묵하고 빈틈없이 사원의 지붕을 받쳐내고 있다. 일본 교토에는 천 개의 기둥으로, 그것도 개인적으로 대단히 선호해 마지않는 붉은색으로 만들어진 사원이 있다고 한다.

아저씨와 은은한 초록색이 감도는 싸구려 빙수를 한 잔씩 했다. 500 리엘. 색소 음료수에 시럽에 연유에 얼음을 탄 것 까지는 좋은데 얼음을 조각내는 손이 너무나 생활 손이다. 분명 조만간 또다시 배탈이 걸리겠지. 걸인이 다가와 담배를 부탁했고, 건네주었다. 정말 마지막 남은 담배 한 개비를 친구에게 주는 사람들이 오직 한국인들이라지. 걸인은 이상하리만큼 얼굴에 평온이 깃들어있다. 이 넓고도 넓은 사원이 아니, 이 세계가 자신의 집이라면.

돌아오는 길. 강에서 사는 민물 돌고래를 볼 수 있는 강가에 잠시 섰다. 내가 원했던 것은 아니었지만 자연스럽게 내가 서 있는 곳이 그렇게 됐다. 돌고래는 세계야생동물보호협회에서 주장하는 80여 마리 내외와 현지의 관리인들이 주장하는 150여 마리라는 주장이 있어 마리 수에서 많이 차이가 났지만 또 어디서는 이제 20여 마리 밖에 없다는 소리도 들렸다. 그만큼 한 마리 한 마리가 중요했다. 어찌되었건 적은 수이다. 강을 바라보는 의자에는 현지인과 서구의 관광객이 여럿 모여 있었다. 한 청년이 다가왔다. 입장료로 9불을 달라고 했다. 여기서 고작 강을 바라보는데 9불이고 재차 물으니 보는 것만은 7불이라고 하던 청년. 무슨 말인지 모르겠다.

샤워를 하고 낮잠을 잤다. 해가 한창일 때 일부러 밖에 나가 있을 필요는 없었다. 그리고 이미 사원을 돌아오는 동안 실컷 얼굴과 팔이 탔다. 세 시간 가까이 모토 뒷자리에 앉아있는 것은 의외로 체력이 소모되었다. 모토소리는 아직도 미세하게 귓가에 머물러 있다. 오늘 끄라체는 더웠다. 주위의 모든 색들이 몇 가지 정도 밖에 없는 것처럼 뿌옇고 평면적으로 보였다. 나의 낮잠시간은 오래지 않는다.

사실 오늘 저녁때의 식단은 끄럴란이었다. 대나무 속껍질 안에 찰진 밥을 콩이나 다른 식물을 넣고 함께 쪄 내는 끄라체만의 명물이다. 우리나라에도 대통밥이 있지만 정식 역사는 태국에서 들어와 전파된 것으로 한국 고유의 음식은 아니라고 한다. 기대를 잔뜩 했지만 정작 거리에 끄럴란을 파는 사람들은 없었다. 어제 어디를 가도 보이던 끄럴란을 팔던 사람들은 오후 시간에는 그 밥의 기능이 제대로 발휘가 되지 않는지 모두 철수한 모양이었다. 오로지 이 끄럴란만을 찾기 위해서 한 시간 가까이나 헤맸다. 아직 다섯 시도 안 됐는데. 끄럴란은 저녁으로는 어울리지 않는 음식인가 보다.

뒤편의 거리를 걷다가 태국의 쏨땀과 비슷한 빽라홍이라는 음식을 발견했다. 캄보디아의 발음은 대체적으로 미묘해 분명히 저 발음은 아닐 것이다. 아주 매콤한 태국 북부의 쏨땀은 아니었다. 약간 싱거웠고 덜 비렸다. 치앙마이의 쏨땀은 매운맛이 정말이지 매력적이었는데, 이곳의 그것은 미안하지만 캄보디아의 국민성을 설명해 주는 것 같았다. 이번엔 밥만을 사려고 하니 버스 정류장의 간이식당들이 모두 철수했다. 미차 가게만 줄지어 있던 곳에서 별 수 없이 미차를 포장해 숙소에서 처량하게 먹었다.

식사를 마치고는 강변에 나와 이제는 가벼워진 마음으로 선셋을 보았다. 밑으로 내려가는 강변에는 수많은 비닐 쓰레기들이 강바람에 날려 그야말로 펄럭거렸다. 강과 사람들 사이에 있어야 할 것은 정말 쓰레기는 아니어야 함인데, 적어도 펄럭거릴 것은 쓰레기가 아닌데 안타깝게도 바로 이곳이 그렇다.

누군가가 있었다면 강둑에서 선셋을 바라보며 무언가 한잔 했겠지.

누군가. 그 애매한 미지의 대상.
흔들리다 못해 내 마음을 펄럭이게 할 당신.

*

사실은 어제 저녁을 먹으러 가겠다고 안드레스에게 얘기를 했었다. 끄럴란을 먹기 위해서 가지 못했었는데 마침 갖가지 음식들을 사가지고 오다가 그를 만났었다. 그도 내가 비닐봉지에 잔뜩 음식이 있는 것을 보았는지 애써 얼굴을 마주치려 하지는 않았다. 나를 배려했기 때문이겠지. 오늘은 아침에 일어나자마자 안드레스 식당으로 갔다. 아직 잠을 자고 있어 그를 깨울 수는 없었지만 아침을 먹고 기념으로 한국 돈 천 원짜리를 벽에 붙여두고 왔다. 부디 사업 번창하길.

아홉 시 반에 온다는 버스는 40분이 늦어 열시 십 분에 왔다. 내가 들고 있는 표는 센모노롬. 즉, 몬둘끼리로 가는 버스표이다. 사람들은 센모노롬주도 이름보다는 보통 몬둘끼리주 이름로 통칭했다. 반룽이 라따나끼리로 불리는 것과 같다. 미니버스로 세 시간이면 갈 수 있다고 했지만 미니버스는 중간에 사람들을 태우고 내리고 하는 과정으로 의외로 시간이 더디 걸린다. 그리고 좁은 버스를 일부러 취할 이유가 없다. 가격은 2~3불 차이. 몬둘끼리와 끄라체로 갈리는 지점인 스눌에서 버스를 다시 갈아탈 수 있다고는 했지만 사실 이 표 한 장만 가지고는 어떤 시스템인지 모르겠다. 표를 파는 사람과 스눌에서 나를 내려 줄 사람 그리고 스눌에서 나를 센모노롬까지 태우고 갈 완전히 다른 사람들 간의 정확한 이해와 연결 시스템이 있어야 하는 구조. 하지만 나는 역시 당황하거나 불안해하지 않는다. 여긴 캄보디아잖아.

　스눌까지는 한 시간이 조금 지나서 도착했다. 스떵뜨렝으로 들어올 때 스눌을 지났었고 센모노롬 방향을 알고 있기에 난 내리려고 했었다. 차장은 손짓으로 나에게 기다리라고 명했다. 이윽고 분명히 스눌을 통과한다. 가까스로 말이 통하는 사람이 미못까지 가야한다고 나의 다급한 마음을 추슬러 준다. 미못까지 다시 한 시간 정도 걸려 도착했다. 차장은 다시 기다리라고 나를 제지시켰다. 다시 그냥 하염없이 갈 뿐이었다. 결국, 두 시간 가까이 더 내려와 캄퐁참이 고작 30여 킬로미터 앞에 있는 식당에서 정차했다. 그리고 난 이곳에서 또 다른 명령을 하달 받았다. 이곳에서 기다리면 곧 차가 온다는, 나는 무슨 대단한 작전을 하는 것처럼도 느껴졌다. 난 이미 미못도 아니고 스눌을 지나자마자 몬둘끼리를 포기했었다. 이렇게까지 내려온 길을 다시 올라가는 루트는 개인적으로 선호하지 않는 루트이다. 몬둘끼리로 가는 길을 아무도 가르쳐 주지 않는 상태에서 혼자서 더듬어 가고 싶지 않았다.

식당에서 뉴질랜드인 리차드를 만났다. 베트남과 캄보디아를 오가며 대나무 사업을 한다는 그. 뉴질랜드인들은 대체적으로 친절하다. 나는 뉴질랜드의 오클랜드에서 석 달 정도 살아본 적이 있어 리차드가 더욱 친근했다. 몬둘끼리의 대나무는 캄보디아에서 최고로 친단다. 몬둘끼리에서 꽤 있어보았다는 그.

리치.
어.
몬둘끼리 가야해 말아야 해?
시간 많아?
어.
그럼 가.

난 다시 버스를 기다렸고 얼마 후 반대편으로 가는 몬둘끼리 센모노롬행 버스를 탔다. 리치는 떠날 때 끝까지 안 열리는 버스의 창문을 열어 나를 안심시켰다. 리치에게 담양의 죽녹원을 소개해주지 못한 것이 무척 아쉽다. 다시 미못을 지나 센모노롬에 도착한 시간은 다섯 시. 나는 아직도 내가 어째서 그 멀리까지 세 시간이나 더 넘게 내려와서 버

스를 탔는지 잘 모르겠다.

　미못을 그렇게 와보고 싶어 했는데 결국, 다시 돌아가는 길까지 합쳐 네 번이나 들리게 된 셈이다. 정말이지 '미못스럽다' 라는 말이 있어야 하지 않을까.

　나는 역시 캄보디아의 한 끝으로 들어가고 있다.

센모노롬,
몬둘끼리

하강, 달.

언덕,

센모노롬과

몬둘끼리의 모든 것.

이곳을 안 왔다면 어떻게 되었을까. 캄보디아 전체를 흔들만한 이 몬둘끼리를.

이렇게 아름다운, 마치 갑자기 다른 세상에 와 있는 듯 고즈넉한 달 표면의 도시 같은 센모노롬을.

페루 남쪽의 아레끼빠를 지나 남쪽으로 달렸을 때 보았던 아니, 펼쳐졌던 그 생경스러웠던 흙의 무덤들. 비밀스런 혹성의 작은 버전. 오래전 지구의 짧은 자락.

마침 도착한 때는 해가 저 멀리 산등성이로 넘어가기 직전 잠시 호

흡을 고르던 때였다. 빛은 모든 시간과 공기를 뚫고 다른 색감으로 관통해 왔다. 나는 이런 빛을 인도의 마운트 아부의 해가 지는 벼랑 끝에서 받아본 적이 있다. 몬둘끼리는 심지어 땅 색깔도 무척 붉었고 당연히 하늘도 달랐다. 캄보디아에서는 드문 800미터 고지대라 산에서 불어오는 거센 바람은 나를 이곳으로 마침내 하강시켰다. 정신도 마음도 몸도 그 외의 것 모두. 나는 분명히 날아서 온 것 같기도 하다. 버스에서 내려올 때 그 잠시의 틈을 비집고 들어오던 저녁의 바람. 대망의 쁘레아 비히어를 앞두고는 막바지이지만 이곳은 진정 캄보디아의 최고 지점이다.

이곳으로 들어올 때 보여 지던 풍경은 작은 언덕들이 끊임없이 이어져 야트막한 등성이들로 이루어져 있었다. 마치 비단을 깔아놓은 골프장 같이 부드러운 등선. 세상의 모든 언덕을 다 가진 몬둘끼리. 저곳에서 집을 짓고 살 수는 없을까. 정말 언덕 위 아무 곳이나 괜찮다.

몬둘끼리로 들어가는 버스 안에서 말레이시아 친구 노아를 만났었다. 라따나끼리처럼 센모노롬도 그냥 몬둘끼리로 부리는 것이 청각적인 효과에서 훨씬 부드러웠다. 변호사와 의사등 꼭 필요하지는 않은 사족을 덧붙여 한국인 친구들이 많다는 그는 아내가 일하고 있는 사우디아라비아로 가기 위해 6개월간의 긴 여행을 이제 막 시작했다고 한다. 나는 아마 이제까지 여행을 하면서 말레이시아인을 두 번 정도 만난 것 같다.

가깝게 위치한 Oeun-Sakona라는 숙소는 천장에 거미줄이 약간 끼기는 했지만 싱글 팬룸이 5불로 깔끔했다. 캄보디아의 숙박료는 정말 저렴하다. 숙소 이름은 남편과 부인의 이름을 딴 것이라고 했다. 둘이서 같은 방을 쓰기는 불편해 각자 다른 방을 잡았다. 우선 식사를 하러 나왔다. 무슬림인 노아는 식사 메뉴를 고르기 위해 어지간한 수고를 해야 했다. 채식주의자인 키요가 음식을 고르는 것과는 수준과 사이즈 자체가 달랐다. 상점에서 참치 캔을 사고 식당에서는 밥만 시켰다. 식탁에 놓여있는 여러 가지 소스도 반드시 냄새를 맡아보고 결국 아무것도 손대지 않았다. 하랄푸드Halal Food-공식적으로 인정을 받은 이슬람교 성직자가 '신의 이름으로' 라는 뜻을 가진 '비스밀라' 라는 주문을 외우면서 짐승을 잡은 후 이 의식을 거친 고기로만 만든 음식를 이해하는 사람들은 이곳에 아무도 없었다. 몬둘끼리주로 들어올 때 보았던 뜻밖의 많은 무슬림들과 곳곳의 작은 모스크들은 그곳에서만 사는 이슬람교도들의 모스크였나 보다. 노아는 또 계란도 삶은 계란만을 원했다. 프라이나 날계란은 먹을 수 없다고 했다. 마침 식당에 끓고 있는 물이 있어 계란을 가지고 흉내를 내 보았지만 삶는 흉내는 정말이지 어려웠다. 세상에는 오직 몸으로만 흉내를 낼 수 없는 것이 너무나 많다. 단맛은 어떻게 낼까? 식사 후 노아는 부족했던 식사를 보충하기 위함인지 마트에 들러 이것저것들을 다시 샀다. 단순한 맛의 비스킷들과 알 수 없는 통조림을 꽤 산 것 같다.

물을 사러 나간 센모노롬의 저녁은 이미 충분히 밤이 되어 있었다. 아주 작은 동네에 어둠이 내렸고 블랙은 조직적으로 움직였다. 많지도 않은 불빛 아래 상점들은 서둘러 문을 닫았고 개들의 맑고 청아하지만 결국 경박한 짖음은 괜스레 하늘에서 메아리가 되어 되돌아오는 것 같았다. 개소리가 온 동네에 울려 퍼지는 건 아무래도 운치가 없었다. 숙소 뒤편에 또 다른 건물이 있어 가 보았더니 숙소의 별관이 아니라 단독 건물로 된 커다란 술집이었다. 엄청난 수의 아가씨들이 있는, 세상

에서 가장 단란하고 또 단란한 공간. 나는 여러 가지 것들은 왜 물어봤
던 걸까.

　　밤의 센모노롬은 추웠다. 공기가 달랐다.
　　하늘에는 별, 이 빛났다.
　　나는 내 어깨를 양손으로 잡고 가만히 웃음을 지어 보았다.
　　씨익.
　　내 입술의 왼쪽 꼬리가 조금 더 올라갔다.

*

　　기상. 아침부터 불어대는 바람은 진정 나를 휘청거리게 했다. 학교
를 가는 소년과 소녀들 그리고 아침부터 분주하던 시장의 상인들도 모
두 옷깃을 여미었다. 센모노롬은 우기 때는 북동풍이 그리고 건기 때
는 남서풍이 분다고 한다. 어찌되었던 어디에서건 바람만 불어준다면
꼭 센모노롬이 아니어도 상관없겠지. 나중에 어디쯤에서 살까.

　　바람이 불 것.
　　바람이 불 것.
　　그리고 바람이 불 것. 나의 조건 전부.

　　아침부터 노아가 어디선가에서 오토바이를 빌려왔고 우리는 곧 오

늘의 여행을 출발했다. 숙소에서 준 지도를 보면 시내 바깥 동서남북 여러 방면으로 볼 것이 다양했지만 그래도 모두들 부스라 폭포를 가야한다고 했다. 35킬로미터 내외. 노아는 뒷자리에 내가 탔기 때문인지는 모르겠지만 아주 천천히 조심스럽게 운전했다. 이 십 여 분을 포장도로로 그리고 다시 비포장 길을 이 십 여 분 그리고 포장된 길과 비포장도로를 번갈아가며 달렸다. 그 짧지 않은 구간에 여행자는 두어 명 정도의 서양 라이더들만 지나간 것 같다. 중간에 뜬금없이 있던 커피 농장에 들렀으나 사업을 접은 것 같았다. 아무도 없었고 전시실이나 식당으로 이용된 것 같던 건물은 그냥 창고처럼 방치되어 있었다. 커피에 시즌이 있는지 모르겠지만 퀭한 공기가 그나마 있

던 남루한 먼지를 짓누르는 것 같아 약간 안타까웠다. 아이들은 집과 학교의 거리가 얼마나 되는지 모르겠지만 한참을 걸어 오가는 것 같았다. 흙먼지가 불고 몇 대의 차들이 거침없이 내 달리던 언덕길. 동생은 어린 오빠의 손을 꼭 잡고 그 불편한 언덕길을 자전거를 타고 함께 올

랐다. 아빠 다음으로 잡은 오빠의 손. 나이 들기 전에 많이 잡아 두렴.

둘도 가족이다. 힘겨울 건 없다.

부스라까지는 분명 가벼운 길은 아니었다. 사람들은 물론 차량들도
많이 다니지를 않아서 딱히 물어보며 갈 수도 없었다. 한 시간 이십 분

정도가 지나서 겨우 도착했다. 노아는 분명 피곤했을 것이다. 미안하
다 노아. 뭐 해줄까?

입장료를 내고 조금 내려가면 웅장한 소리와 함께 물의 위압적인 힘
을 느낄 수 있는 폭포에 도착한다. 높이는 아쉽지만 그래도 폭포는 대
저, 저렇게 모든 것을 힘으로 윽박질러 포악함으로 파괴할 때만이 진

정한 폭포라고 불리어도 좋지 않을까. 어째서 힌두의 파괴의 신인 시바는 폭포에서 태어나지 않았을까. 폭포는 어째서 물에 있어서 악의 상징이 되지 않았던 걸까. 폭포여, 물의 신화로 남으라.

소수민족 사람들이 공예품과 다채로운 시장 상품을 판매하고 있다. 전통악기를 연주하던 사내는 내가 다가가자 얼른 악기를 집어 들고는

연주를 시작했다. 노래는 대충 이럴 것 같다.

잠을 자고 일어났네.

아무도 없네. 아무도 없네.

엄마는 들에, 아빠는 멀리.

아무것도 없네. 아무것도 없네.

감자도 없고 옥수수도 없네.

햇님은 있네. 달님도 있네.

오늘이 가면, 내일은 없네.

나는 다시 잠에 빠지네.

잠이 바다였으면 좋겠네.

나는 적선그래 기부의 수준이 아니니 다소 어감이 좋지는 않지만 솔직하게 적선이라고

하자을 할 때 몇 가지 기준이 있다.

가급적 어린이에게 할 것.

아주 불편해 보이는 사람에게 할 것.

악기를 연주하면 반드시 할 것.

라따나끼리의 그것보다는 확실히 수준이 달랐다. 아마 부스라는 캄

보디아 제 1의 폭포일 것이다. 노아와 나는 돗자리를 하나 렌트하고 그

자리에 누웠다. 옆에서 술과 함께 바비큐를 즐기던 현지인들은 나의

반듯하고 환하고 친절하고 일방적으로 반가운 인사를 그저 받기만 했

다. "무슨 고기예요?"를 좀 더 친근하고 공손하게 물어봐야 했을까.

노아는 진정 이곳이 좋은가 보다. 심지어 어린아이처럼 들떠 있는

것처럼 보였다. 말레이시아에서 어떤 스트레스를 받고 살았는지는 모

르겠지만 솔직히 그 정도까지는 아니지 않아? 노아는 일반담배와 롤링

담배 그리고 시가까지 알뜰하게도 챙겨 다니는 Heavy smoker.

부스라는 제 2폭포라고 불리는 폭포가 더 있었고 훨씬 장관이었다.

내려가 보려고 하니 반대편으로 물길을 건너 내려가야 했다. 딱히 위

험한 수준은 아니었지만 쉬운 길도 아니었다. 분명 우기 때는 건너지

못할 것이다. 폭포를 보기 위해 밑으로 내려가는 나무 계단은 각도가 무려 90도 가까이 됐다. 시야와 몸의 균형을 도대체 어디에다 두어야 할 지 모를 정도로 경사가 깊었다. 다행스럽게도 혼자 있었기에 마음 껏 바보 같고 굴욕적인 자세로 내려올 수 있었다. 남자들은 여성이 같 이 간 경우 이런 곳에서 아주 멍청하고도 쓸데없는 호기를 부리기 마 련이다. 폭포를 보고 다시 그 90도의 나무계단을 올라왔을 때는 캄보 디아에서 무슨 일을 해도 할 것 같다는 이상한 우쭐함에 빠지기도 했 다. 나는 동시에 등반을 한 것 같았다.

폭포를 다녀오는 동안 노아는 낮잠을 즐겼다. 저렇게 고르게 떨어지 는 물소리처럼 하루 종일 같은 소리를 내는 세상의 소리는 사실 거의 없다.

이제 리턴. 미안하지만 다시 노아만을 믿고 되돌아가야 한다.

한참을 달리다보니 기름이 바닥이 되었다. 이상하게도 돌아오는 길 은 어떻게든 짧게 느껴지기 마련인데 전혀 그렇지 않았다. 한동안 민 가가 거의 보이지 않았고 숲길만 이어졌다. 오토바이에서는 둔탁하고 이상한 기계음이 났다. 저 멀리 미지에서 오는 소리 같았다. 정말이지 중간에 세워 지나가는 누구에게나 도움을 청해야 할 시점이었다. 다행 스럽게도 아슬아슬하게 한적한 길에서 모토를 수리하던 청년 둘을 만 났고 그들이 민가의 방향을 알려 주었다.

고맙군.

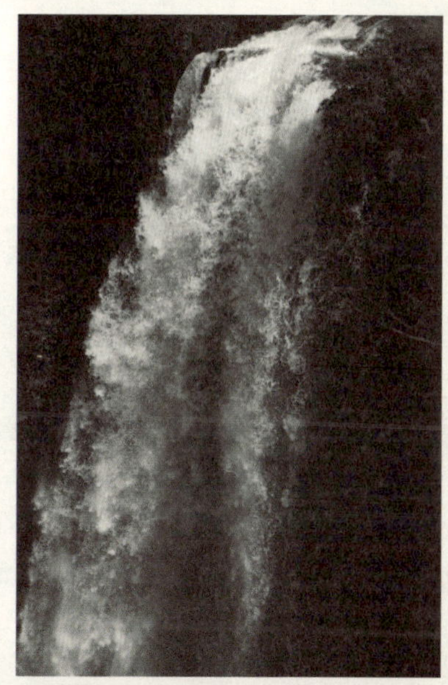

모터비는 내가 냈다. 당연히 그래야 했다. 노아역시 내가 없이 혼자였다면 절대 엄두를 내지 못했을 것이라며 나에게 감사해 했다. 우리는 서로를 위로해 주었다. 노아는 과감히 오늘 지불한 방값을 포기하고 오전에 봐 두었다는 방갈로 형태의 리조트로 숙소를 바꾸었다. 노아는 괜찮으면 같이 숙소를 옮기자며 나를 부추겼고 나는 딱히 나무구조의 방갈로 숙소에 끌리는 타입이 아니었기에 Oreun-Sakona를 고집하기로 했다. 또다시 두 집 살림을 하기에는.

이런 식의 숙소를 좋아하는 사람이 당연히 있기 마련이다. 넓은 잔디밭에 듬성듬성 각 동의 방갈로가 있고 밤이 되면 완전히 그 속에서 스스로 고립될 수 있는 곳. 하지만 나는 어쩌면 이다지도 콘크리트 건물을 좋아하는 걸까. 노아는 그곳에서 최고의 휴식을 취하고 싶다고 했지만 노아가 떠난 이상 아무도 아는 사람이 없는 이 센모노룸의 시내는 오히려 내가 가장 있어야 할 곳이기도 했다. 그리고 노아, 캄보디아를 지나 라오스, 중국에서 인도 북부를 거쳐 사우디로 갈 여행이라며, 벌써부터 릴렉스에 맛을 들이면 안 돼.

암튼 즐거웠다 노아. 이번에는 실패하지 말고 꼭 아이를 가졌으면 좋겠어. 이름을 몬둘로 지으면 어떨까. 아니 앞으로 수없이 멋진 여행지를 만날 텐데, 몬둘은 조금 약한 편이지. 내가 하나 추천할게. 인도 서쪽 끝으로 가면 아마 스리나가르라는 곳을 반드시 들리게 될 거야.

그곳에 아주 멋진 호수가 있어. 이름은 달, 이야. 한국에서는 Moon을 그렇게 불러. 베티 블루라는 영화를 봐도 좋겠군. 어때?

저녁때는 피씨방에서 드디어 쁘레아 비히어의 거점 도시를 찾아냈다. 시장 구석에 있던 피씨방은 의외로 속도가 괜찮았다. 아침부터 치면 무려 두 시간 만에 개가를 이루어 낸 셈 인데, 트벵 민체이라는 곳을 지나 춤크셍이란 작은 마을에 숙소가 있다는 모양이다. 물론 아직까지 알고 있는 바로는 쁘레아 비히어에 가장 가깝게 다가갈 수 있는 지역이었다. 무언가 완전히 해결된 듯한 기분이 들었다. 난 이제 그곳만 가면 된다.

샤워를 하고 이 추운 센모노롬의 저녁거리를 반바지 차림으로 돌아다닌 건 내 실수였다. 감기기운이 도져 후배가 남겨주고 간 감기약을 먹고 일찍 잠자리에 들었다. 숙소 뒤에서 울려 퍼지는 노래 소리에 나도 같이 단란하고 싶었지만 언젠가부터 감정의 교류란 없이 무턱대고 단란한 것이 싫어지고 있기는 하다.

내일 더 이곳을 볼 작정이다. 사실은 하루를 더 묵고 싶지만, 대망의 쁘레아 비히어를 목전에 두고 이제까지 그 흐름만을 지켜 온 나의 계획을 깨뜨리기가 쉽지 않다. 쁘레아 비히어로 가기 위해선 이곳에서 이틀이나 걸린다.

*

지도에 나와 있는 대로 오늘은 아침 일찍부터 호수 쪽으로 걷기로 했다.

비행기 활주로라고는 하지만 현재 운영은 되지 않고 군 사용으로만 이용된다고 하는 흙길을 건넜다. 때때로 바람이 불면 마치 거대한 모래 해일이 일듯이 흙먼지들은 일제히 일어나 커다랗게 움직여 왔다. 내 앞에서라면 좀 더 거칠고 세게 불어주면 안될까. 나는 진심으로 사막에서의 모래 폭풍을 보고 싶다. 그것이라면

정말이지 기꺼이 그 속으로
잠길 수 있다.

어떤 사내아이들은 남루한
활주로에서 플라스틱 깡통과
넝마를 주웠고 또 어떤 아이
들은 하얀색 셔츠를 입고 단
정한 모습으로 학교에 갔다.
그들이 한 장면에서 분명히
교차했다. 아이들은 아직 상
대방을 사회의 눈으로 쳐다보

지 않는다. 하지만 아침의 시간이라는 것 역시 정물이 되었든 초상이 되었든 또는 풍경이 되었든 그림처럼 남아 있어야 한다. 나는 그 커다란 그림 속에 나의 얕은 감정을 이입시키지 않는다. 나는 인생이라는 거대한 그림 앞에 아이들에 대한 나의 얄팍한 사려를 거둔다.

센모노롬의 훌륭하고 멋진 것을 꼽으라면 단연 이 언덕길도 포함이

되어야 한다. 부드럽게 내리막길을 내려가면 반드시 그에 준하는 여유
로운 오르막길이 나타났다. 이렇게 균형을 맞춰주는 것은 가히 길이
가지고 있는 절대의 미덕이자 당신이 지니고 있는 절제된 배려이다.
자연을 크게 해치지 않은 상태에서 그냥 그렇게 마을이 된 센모노롬.
나는 그런 경사 깊은 언덕을 담담하게 내려가고 또 기꺼이 올라간다.

호수는 작았다. 화려하지도 않았지만 꾸미지도 않았다. 이른바 어떤
것이라는 것은, 그냥 그대로 그럴 때 그 정의의 값을 한다. 나는 그런

사람이 좋다. 크게 기뻐하
지도 또 커다랗게 슬퍼하
지도 않는 담담하고 무덤
덤하며 결국, 극도로 담결
한 사람. 감정을 모두 없앤
뒤에 나오는 사실상 초인
같은 사람. 애초부터 글러
먹은 것을 잘 알기에 나는
그런 사람이 되고자 함을
일찌감치 포기했지만 그

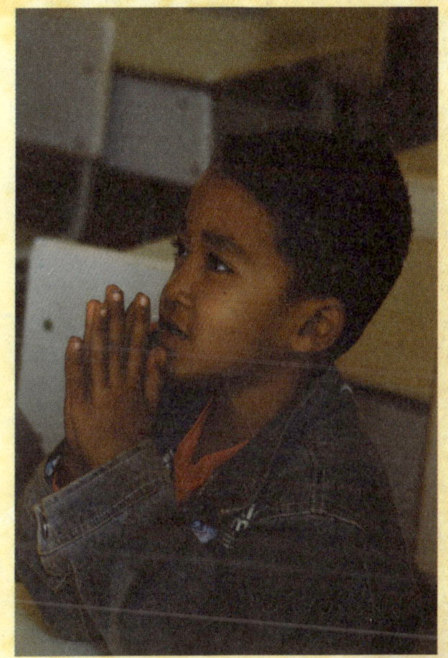

래도 끝까지 그런 성품을
쫓고 싶다. 내 친구들 중에
는 그런 사람이 더러 있다.
참, 나와 가장 친한 친구가
바로 그렇다.

용, 부디 그것만은 지키
고 살아주기를.

호수를 지나칠 때 한국
인을 만났다. 한국인의 차

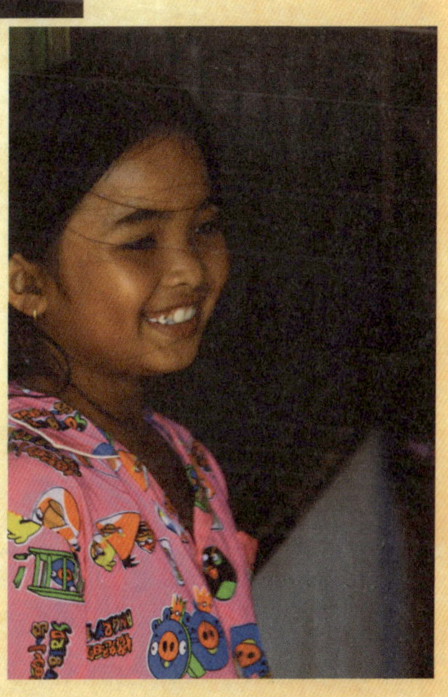

림새는 얼굴을 보지 않더라도 어디서든 옷차림만 가지고도 분간이 가능했다. 이곳에서 봉사활동을 하고 있다는 그녀를 따라 그녀가 복무중인 초등학교를 방문하게 되었다. 토요일이었지만 학생들은 모두 학교에 나와 있었다. 일을 하러나간 부모님을 위해서라도 학교는 아이들에게 두 번째 집이어야 한다. 아이들에게 줄 음료수를 샀고 그녀가 가르치는 아이들에게 건넸다. 아이들은 어떻게 그 나이에 그런 성품을 지녔는지 공손하게 거절하는 법을 알고 있었다. 캄보디아인들은 확실히 괜찮다. 선생님을 따라 큰 소리로 인사를, 때로는 그 보다 더 큰 목소리로 합창을 하던 아이들. 아이들은 모여 있으면 정말이지 강아지들과 같다.

선생님과 인사를 하고 학교를 나섰다. 부디 객지에서 건강하시고 좋은 가르침 하소서.

오늘 모토투어를 하기로 한 한 사내는 정확히 두 시 반에 왔다. 이름 소디. 나와 동갑이다.

오늘의 일정은 센모노롬의 외곽에 있는 닥담이라는 마을로 들어간 후 다시 산길을 통과해 센모노롬으로 연결되는 도로까지 가로질러 나오는 루트. 그냥 라이딩 코스이다.

우리는 바로 출발했다. 이런 곳에서 값싼 의견을 나눌 필요가 없다.

더 이상 좋을 수 없는 잘 포장된 길이 닥담마을 입구까지 이어진다. 어째서 아무런 생산성이 없는 연결지점에 이런 도로가 있는지는 의문이지만, 어쨌든 이 길은 나아가 베트남 국경까지 연결 된다고 한다.

닥담마을에서는 소디랑 현지인들과 음료수를 나누어 마셨고 의사소통은 안 됐지만 그들과 몇 마디 얘기도 나누었다.

그들은 그냥 즐거워했다. 그들이 즐거워하지 않을 이유는 어디에도 없었다. 사진을 부탁했더니 바로 앞의 파인애플을 소품으로 이용하는 순발력을 보여주던 어린 아낙. 그냥 주위에서 서성이며 웃던 사내. 캄

보디아인들에게 '아직' 이라는 단서가 붙기는 하겠지만 그들은 정말 탐욕이 없고 멸시가 없으며 경쟁이 없다. 하지만 안타깝게도 그들에게는 미래도 없다. 좀 더 나은 삶이 어떤 것이라고는 솔직히 많은 사람들이 알 수 있다. 그러나 역시 그것은 우리는, 이라는 단서가 붙는다. 그들도 역시 우리도, 라고 한다면 그것은 온전히 당신들의 빛나는 방식이리라.

닥담마을의 큰 공터에는 결혼식이 열렸다. 캄보디아의 결혼식은 우기 때 농사에 인력이 집중되는 관계로 보통 건기에 많이 이루어진다고 한다. 누가 진짜 신부인지 모를 정도로 어린 처자들 몇몇이 진한 화장

을 받고 있었고 이 부족의 모든 사람들이 모여 그들을 축하해 주는 것 같았다. 음료수와 밥이 담긴 접시들이 옮겨 다녔지만 솔직히 아무도 나에게는 관심을 두지 않았다. 나는 분명히 어떤 식으로든 환대될 줄 알았다. 외국에서 온 나에게 갑자기 사진사의 자격이 주어지고 사람들은 앞 다투어 나와 함께하려 할 것이라고 생각했다. 내 앞에는 음식과 술이 푸짐하게 준비되고 난 심지어 오늘 마을 이장으로부터 정식으로

초대가 되어 닥담사람들과 어울려 하루를 보낼지도 모른다고 생각했
다. 나는 속으로 한국을 대표하는 어떤 노래를 부르면 좋을지 생각한
것 같기도 하다. 난 이렇듯 항상 제멋대로 내달린다. 난 카메라를 고쳐
메고 약간 들뜨기도 했다. 내가 그렇게 행동했다 하지만. 나는 결국 그
곳에 있는 한사람일 뿐이었다.

닥담마을 사람들은 지리적인 위치가 그래서인지는 모르겠지만 내륙의 캄보디아인들과 생김새가 달랐다. 어떠한 교차점도 없이 완벽하게 닥담마을 사람들로만 이루어진 것 같았다. 암튼 축하합니다. 오래보다는 행복하게, 행복하게 보다는 서로 의지하고 믿으면서 살아주세요.

다시 모토를 돌려 마을을 나왔고 모토는 베트남으로 가는 경계지점에서 남동쪽 언덕길로 접어든다. 그리고.

나는 이곳에서 캄보디아 여행의 최고의 순간을 맞는다.

멀리 그대로 하늘 끝까지 연결 될 것 같은 바다의 물결 같던 산등성이. 이름 모를 나무들이 일제히 도열해 내가 지나갈 때 내주던 그 이름 모를 미지의 소리들. 웅웅거리며 그냥 가볍게 터치하듯이 지나가던 바

람. 나는 이때 정말이지 바람이 되고 싶었다. 빠른 공기가 되어 이들과 함께 어디로든 흩날리며 하늘 끝까지 날려가고 싶었다. 그래야지 센모노롬의 이 언덕을 마음껏 위에서 내려다 볼 수 있을 것 같았다. 나는 그 속에서 찰나가 되어 부서지고 가라앉고 또 미련 없이 사라지기를 원했다. 그 시간이 일 초가 되었던 수 백 만년이 되었던 그랬으면 했다. 나는 이곳에서 그래야 했다. 모든 것이 한꺼번에 들이닥쳤다. 그 수많았던 언덕과 바람들 사이를 지나던 내 인생 최고의 레이스. 나는 고개를 가슴에 파묻고 나만의 울음을 조금씩 닦아 냈다. 눈물이 바람에 실려 함께 날렸다. 삶은 이중섭의 말대로 외롭고 서글프고 그리운 것임을 알기에. 아니 어쩌면 오히려 그렇지 않음을 더 잘 알기에. 나는 내 눈물을 그 속으로 먼저 떠나보냈다.

아무런 준비를 하지 않았는데 이렇게 아름다우면 안 된다.

어떠한 대비도 하지 않았는데 벌써 마지막을 보여주면 곤란하다.

어쩔 수 없이 난, 미안하다.

결국은 내가 죄가 크다.

내 업이 많다.

그 사십 여 분의 시간동안 난 십 여 년 전 중국의 명사산 이후로 처음 아버지에게 감사했고 또 죄송했다.

아직도 너무나 벅찬데, 선셋이 남아있다. 돕 끄로몬 언덕. '처녀의

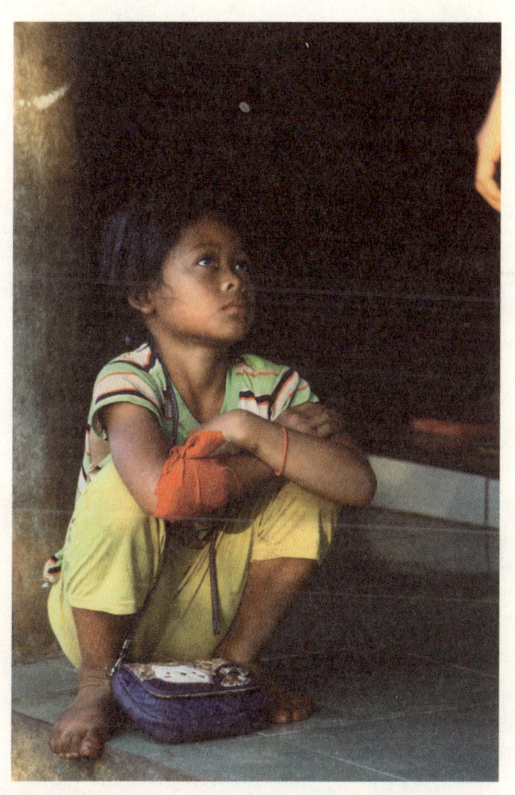

'가슴산'이라는 개인적으로 별로 선호하지 않는 별칭이 붙은 이 언덕
은 센모노롬에서 일출과 일몰을 보기에 가장 최적의 장소라고 한다.
물론, 난 그렇게 생각하지 않는다. 그것은 닥담마을에서 나와 센모노
롬으로 길게 빠지는, 조금 전 지났던 언덕길을 지나보면 안다.

너무 일찍 온 탓인지 해가 지려면 아직 한참이 남아 있었다. 소디에

게 무작정 기다리라고 하기에는 날씨가 우선 춥고 시간이 너무 많이 남았다. 언덕 정상에 자리한 사당에는 남루한 차림의 자매가 있었다. 옷은 떨어지고 헤져 옷을 깃기는커녕 옷을 힘조차 없어 보였다. 배가 고파 보였고 목이 말라 보였다. 내가, 내가, 무엇을 해 줄 수 있을까. 나는 어찌 이리도 이기적인 여행을 하고 있는 것일까. 나는 이 자매들 앞에서 기껏 배부른 선셋 타령을 하고 숙소로 돌아가 따뜻한 물로 몸을 씻고 적당한 가격의 밥을 먹을 것 같다. 그리고 더 역겹고 재수 없는 것은 또 다음 하루를 보란 듯이 맞을 것 같다. 왜 나는 어린 아이들 앞에서 인생이니 삶을 끌어다 와서 그들에게 덮어씌울까. 나는 어째서 눈을 감으려 할까. 나는 언덕 끝에서 잠시 나를 경멸했다. 다음 여행 때 내가 할 일은 나를 많이 죽이는 것이 될 것이다.

미안하다.

세상이 너에게 준만큼 너 또한 세상에 보탬이 될 지어니.

캄보디아의 비자 기간인 한 달을 맞추기 위해서는 쁘레아 비히어에 가는 것을 감안해 내일은 이곳을 떠나야 한다. 제일 크게 아쉬운 것은 베트남과 캄보디아의 국경에 가지 못한 것이었다. 국경, 내가 지나칠 수 없는 몇 가지 중 다른 하나. 국경을 통과할 때만이 느낄 수 있는 그 야릇하고도 몽롱한 의례. 물 위에 약간 떠 있는 것 같은 고난이도의 액션. 사막의 부드러운 모래산을 고통스럽게 넘을 때처럼 느껴지는 땅의 이율배반.

나는 이런 위태로운 상황이 좋다. 아니 오히려 아름답다.

줄타기를 하는 앞을 보지 못하는 소년. 그리고 그 상황을 바라보는 말을 하지 못하는 누이. 어느 쪽으로 떨어져도 그럴 수밖에 없는 슬프고도 아름다운 긴장.

언제쯤 사막에 있는 국경에 설 수 있을까.

해가 지는 사막의 서쪽에 있는 국경.

내가 절대 살 수 없는 지역.

그리고 결국 내가 삶을 마감할 지역.

갑자기 하늘에 작은 전쟁이 열렸다.

오롯한 밤하늘에 폭죽이 터지고 상당한 수의 빛이 하늘에서 춤을 추었다. 시하눅빌때의 그 엄청났던 것들이 얼마나 피동적이었고 확실히 밤의 전쟁에서 패전을 확인한 병사들의 비참한 발악임을 기억하는 나는 드디어 아름다운 전쟁이라는 것도 밤이 허락한다면 세상에서 얼마든지 가능한 것인가를 마음 편하게 올려다보았다. 몬둘끼리 당신 정말 끝까지……

몬둘끼리는 오늘로 끝났다. 어제 오늘의 모토여행으로 온 허벅지가 욱신거린다. 이제까지 다녀왔던 다른 곳을 다시 다 버려서라도 센모노롬에 있고 싶은 마음이다. 하지만 나는 여행에서 일어나는 모든 감정

과 노정을 전적으로 내 책임아래 둔다.

쁘레아 비히어를 가기로 한 것은 온전히 나의 책임이다.

*

쁘레아 비히어로 가기 위해서는 많은 투자가 필요하다. 투자는 시간을 말하는 것이며 의지를 수반하는 것이기도 하다. 단 하나의 것을 보기 위해 왕복 삼사일 정도를 할애해야 하는 곳. 덕분에 나는 다시 캄퐁참에 머물렀고 하루를 묵은 후 또다시 캄퐁톰을 지나 쁘레아 비히어가 겨우 닿을만한 마을인 트벵 민체이라는 곳에 가려고 한다. 몬둘끼리에서 캄퐁참까지는 다섯 시간 그리고 다시 버스를 타고 캄퐁톰으로 가려면 세 시간이나 더 필요했다. 게다가 버스가 바로 연결될 것이라고는 생각지 않았다. 캄퐁톰과 캄퐁참을 저울질하다가 캄퐁참으로 결정했다. 시간상으로는 좀 더 이동하는 편이 수월했지만 그런 것을 떠나서 참과 톰은 비교할 수 없었다. 한조가 있는 마리야 게스트하우스로 가려고 했지만 마리야에는 한조가 없었기에 반룽에도 있던 Mittapheap 게스트 하우스로 갔다. 체인은 아니었고 이외에도 여러 곳에 있는 이름이란다. 리셉션의 직원에게 트벵 민체이 표를 부탁했고 내일 아침 여덟 시. 다시 떠난다.

캄퐁참에서는 아무런 한 일이 없다.

그저 오랜 동안 아껴두었던 이기 팝과 탐 웨이츠의 영화 Coffee and

Cigarettes를 보았고 너무 나가는 것 같아 Jodorowsky의 엘 토포와 Hector Babenco의 거미 여인의 키스는 억지로 마음을 억눌러 보지 않았다. 나는 또 너무 좋아하면 아껴두는 경향이 있기도 하다.

정말 아끼고 싶은 것에 대한 나의 기준은 왠지 마주하고 나면 그 시절로 곧장 돌아가 버려 이미 이쪽에 와 있는 나에 대한 두려움과 배반을 느끼게 되는 것이라고 생각한다. 나는 향수鄕愁라는 것이 때론 유치하다고 생각하지만 개인적으로는 솔직히 그래서 겁이 나기도 하다.
캄보디아 여행과 아무 상관이 없는 영화 이야기이지만,
나의 아직까지의 All time favorites 10은 다음과 같다.

성스러운 피
20세기 소년독본
나쁜 피
시계태엽 오렌지
대부 1, 2
허공에의 질주
파니핑크
노인을 위한 나라는 없다
천국보다 낯선
사막의 여왕 프리실라

나머지 시간들은 단지 방안에서 다 먹은 생수통을 길게 던져 휴지통에 던져 넣는다던지 또 그 곡선을 즐긴다던지 하는 것으로 소일했다. 아무런 의미 없이 짐을 다시 정리했고 그간 찍었던 사진들도 다시 보았다. 사진들을 보다 보니 갑자기 여러 감정들이 뒤섞였다. 그중에서 가장 크게 다가온 감정은 어쩔 수 없이, 아쉬움이었다. 이제 마지막 지점을 앞에 둔 상황에서 난 정말 캄보디아를 열과 정성을 다해서 다녔는지 묻고 싶다. 캄보디아 사람들에게 잘은 했는지도 궁금했다. 항상 여행자는 자유로운 제 3의 신분이지만 또 그래서 가장 뜨거워야 한다. 뜨겁게 바라보고 뜨겁게 느낄 것. 그리고 마지막에는 뜨겁게 돌아설 것. 그것은 여행자들에게는 숙명과도 같은 것이다. 뜨겁게 돌아서지 않으면 아마 그곳에서 살게 되지 않을까. 그리고 그 얘기는 모든 나라에서 살아야 할 수 밖에 없는 무책임하면서도 이해할 수밖에 없는 이야기가 되지 않을까. 불현듯 희미해졌던 느낌들이 거대하게 밀려왔다. 이른바, 난처해졌다. 조용히 방 안에서 하루를 고를 것이라고 생각했던 나는 갑자기 찾아온 캄보디아의 정령 앞에 꽤 오랫동안 먹먹해져버렸다. 아마 캄퐁참에서였기 때문일 것이다. 바탐봉에서 뽀삿을 지나 어제의 센모노롬까지. 짧았지만 벌써부터 아주 오랜 옛날이 되어버려 화석이 되어버린 보석 같은 기억. 나 그동안 뭐 했지? 나 어디 다녀 온 거야?

아무래도 몬둘끼리의 언덕은 그립다. 아주 많이.
통일이 된다면 북녘의 개마고원이 이보다 아름답겠지.
오늘 밤 꿈에 한 번 나타나주면 안 될까?

그곳에서 그냥 잠시만 서 있다가 보기만 하면 안 될까?

나 좀 그곳으로 불러 줘.

날아가게 해 줘.

*

아침에 일어나 숙소 옆의 정류장으로 나갔다.

다시 캄퐁톰을 지나 트벵 민체이로. 그러나 내 버스표를 받아든 차장은 아무 상관이 없는 서쪽 끝의 반테이 민체이로 가는 표라고 말을 했다. 버스가 떠나는 시간까지는 20분이 남았다. 서둘러 숙소로 돌아가 자초지종을 설명하고 극적으로 표를 무르고 환불을 받았다. 이럴 때의 시스템은 놀랄 만큼 우수했다. 어제 프런트의 그녀와 그렇게 쁘레아 비히어를 얘기했는데 어째서 이 표를 끊어 주었던 걸까. 하마터면 그대로 서쪽으로 넘어가 태국까지 갈 뻔 했다. 어제 분명히 캄퐁참 외곽에 내릴 때 트벵 민체이로 가는 버스 회사를 봤단 말이다.

캄퐁톰까지는 급한 김에 미니버스를 이용하기로 했다.

모토를 타고 달려 미니버스 정류장에서 바로 떠나는 버스를 탈 수 있었다. 5분 후에 버스는 바로 출발했다. 운전기사는 캄퐁톰까지 가는 내내 미친 듯이 차를 몰았고 나는 그 바람에 그간의 모든 캄보디아 기억을 놓치는 줄 알았다. 담배를 피며 전화를 하고 뒷사람과의 대화까지 모든 동작들이 여유롭고 부드러웠지만 캄보디아에서 미니버스로의 이동은 가급적 말리고 싶다. 그는 자신의 운전솜씨에 대단한 자신감을 가지고 있는 듯 연신 나를 보고 우쭐한 웃음을 지었고 나는 그것에 대한 적당한 웃음을 찾지 못했다. 그는 몇 초간 앞을 보지 않고 옆에 앉은 나를 정면으로 바라보며 운전을 하기도 했다.

캄퐁톰까지 다시 세 시간이 걸렸다. 오늘 하루 겨우 세 시간 버스를 탄 셈인데 왠지 어제부터 계속 센모노롬에서부터 온 것처럼 피곤했다. 하지만 아직도 트벵 민체이까지 가야하는 여정이 남았다. 길에서 두 시간을 기다려 트벵으로 간다. 하늘은 갑자기 어두워졌고 단지 몇 방울만의 비가 내렸을 뿐이다. 이 구간의 버스 승객들은 이제까지 지나왔던 모든 곳보다 사람들의 행색과 옷차림이 남루했고 힘겨웠다. 버스도 역시 가장 낮은 등급의 버스가 투입되는 것인지 무척 낡고 조금은 더러웠다. 초반에는 프놈펜에서 빠져 나올 때 달려야만 하는 그 흙길에서보다도 더 흙먼지를 많이 마신 것 같다.

막바지. 하지만 나는 쫓기고 있지 않다.

트벵 민체이와 쁘레아 비히어

신, 태양 그리고 쁘레아 비히어

무게감 또는 시크함 그리고 때론 천진함과 사춘기적 낭만.

아직 태어나지 못한 미래.

모든 컬러의 결집, 묘하게 얽힌 색의 과거, 미스터 블랙.

두 시간이 더 걸려 오후

네 시가 가까운 시간이었지만 차량이 많이 다니는 구간이 아니라서 그
런지 생각보다 빨리 왔다고 생각했다. 터미널이라고까지 하기 어려운
황량한 종점에는 이미 쁘레아 비히어 근처의 춤크셍마을로 가는 아무
런 대중 교통수단이 없었다. 떠날 때를 잊어버린 택시기사들은 모두
웅크리고 있는 펭귄들처럼도 보였다. 모두가 떠나버린 터미널에서 몇
몇 사람들이 그 택시들을 이용하라고 종용했지만 어차피 지금 춤크셍
으로 떠나도 쁘레아 비히어를 볼 수는 없었다. 숨어도 너무 숨어있다.
나는 잠시 택시회사 이름을 펭귄으로 지어도 괜찮다는 생각을 했다.

펭귄 택시, 약간 슬프다.

춤크셍은 이곳에서 다시 두 시간 가량 더. 그곳이 겨우 춤크셍이다. 춤크셍에서 쁘레아 비히어까지는 또 한 시간 정도가 더 걸린다. 아침부터 계속해서 불안전하고 불안정한 이동을 하고 있기에 일단은 눕고 싶었다. 바로 보이는 숙소인 Monyroth에 투숙하기로 했다. 제법 큰 게스트하우스에는 아무래도 나 혼자 묵는 것인지 아무런 기척이 없었다.

이곳에서 일하는 모니라는 친구는 이 숙소의 주인장들이자 군 장성들인 두 부부의 부하 직원이다. 그러니까 직업 군인인 셈이지만 모니는 이 숙소에서 일하는 정식 직원이기도 했다. 월 80달러의 소득. 남의 소득에 대해서 물어보는 것이 실례인 줄 알지만 미리 답을 얻기 전에 그런 질문을 했었다. 두 가지의 일을 하면서의 소득이라니. 반룽의 닌과 같은 상황인 셈이다. 당신들 정말.

숙소 앞에는 고급 차량이 두 대가 있었는데 모두 주인 즉, 상사와 그 부인의 것이라고 한다. 올해에만도 벌써 차를 네 번이나 바꿨다는 이를테면, 전방의 고위 장성. 태국하고 쁘레아 비히어 문제로 얼마 전까지 총격전도 있었다는데 내가 이런 상황을 어떻게 이해해야 하는 걸까?

여행자가 거의 오지 않는 도시이므로 사람들의 시선이 꽤 있었지만 캄보디아인들은 원래 남들의 사생활에 그다지 흥미가 없는 사람들이다. 이제까지 여행을 해 오면서 "Where are you from?" 같은 말을 이렇게 안 들어볼 수 있는 나라는 없는 것 같다. 나는 저 말을 캄보디아를 여행하고 있는 한 달 동안 한 손가락에 꼽을 만큼 들은 것 같다. 인도에서는 하루에 열 번 정도는 들어주어야 한다.

트벵 민체이의 인구는 고작 천명도 되지 않을 것 같다. 가랑비 내리는 목동야구장의 넥센과 한화의 평일 저녁 관중 수.

시엠립으로 돌아갈 교통편 그리고 내일 춤크셍으로 가는 교통편을 알아보았고 오랜만에 미차로 이른 저녁을 먹었다. 미차는 확실히 약간 중독성이 있다. 분명히 그리울 것이다. 시엠립으로 돌아가기 위해서는 안롱 벵이라는 곳까지 가서 다시 갈아타야만 했다. 이상하게 사람들은 모두 정확하게 버스 노선을 모르는 것 같았다. 안롱 벵까지는 대중 교통편이 없고 시엠립까지는 물론 없으며 오로지 프놈펜과 캄퐁톰까지 가는 버스만 있었다. 이들은 어째서 왼쪽으로 가지 않는 걸까.

모니의 고향은 베트남과 국경을 맞대고 있는 맨 동쪽의 스바이 리엥. 멀고도 먼 곳까지 와 친구도 없는 그였지만 저녁때가 되면 곱게 자신이 응원하는 첼시의 유니폼을 입고 그에게 주어진 하루 동안의 절정인 시간을 갖는다. 그냥 유니폼을 입고 있어도 기분이 좋다고 말하는 모이. 혼자서 스트레칭에 열심이다.

동네는 아주 작았다. 동서남북으로 각각 오 백 여 미터 씩.

조금 더 걸어 나가다 보니 난데없이 스페인 국기가 거창하게 걸려

 밍 민제이 & 쁘레아 비히어

있는 숙소를 찾아 들어가게 되었고 그곳에서 뵈른이라는 독일 친구를 만나 쁘레아 비히어에 대한 정보를 얻었다. 어디서든 어떻게라도 정보를 얻어야했는데, 정작 이곳에 있는 사람들은 쁘레아 비히어에 대해 대체적으로 무관심했다. 우리나라 같으면 독도로 떠나는 기점지역에서 이런 반응이 가능이나 할까? 쁘레아 비히어는 크메르인들의 또 다른 심장이 아니었던가?

숙소의 주인은 스페인 사람이고 현재 프놈펜에서 거주하고 있다고 한다. 어째서 이런 곳에 숙소, 달리 보면 자신의 왕국을 만들어 놓은 건지 모르겠지만 나도 언젠가는 이런 식의 뒤를 따를 것 같다.

뵈른은 2미터 가까이나 되는 장신이었고 레게풍의 머리에 옥빛의 눈을 가졌으며 태국과의 국경지역이자 남서쪽의 작은 마을인 꺼꽁에 거주하고 있다고 소개했다. 4개월간 캄보디아에 있는 사람치곤 크메르어를 꽤 사용했던 뵈른. 나는 한국에 와서 사는 많은 외국인들 중 한국어를 전혀 못하는 인간들을 보면 정말이지 경멸감을 넘어 분노마저 느낀다. 그 일은 말하자면, 타국 생활의 출발 아닌가. 뵈른은 지도와 가이드북을 펼쳐놓고 이것저것 자세하게 설명을 해 주었지만 모토로 직접 다녀온 그와 대중교통을 이용해야 할 나와는 연결지점이 별로 없었다. 일단 춤크셍까지 90킬로 내외. 그리고 30여 킬로미터를 더 가야 하는 노정. 내가 이제까지 잡아본 가장 컸던 손과 악수를 하고 헤어졌다. 뵈른은 트위터 주소를 교환하자고 했지만 난 이른바 '그런 것들'을 좋아하지 않는다. 그것들은 그야말로 입으로도 모자라 그냥 손으로도 '더 떠들어대기' 의 온라인 버전일 뿐이다. 그런 인간들은 살아가면서 그렇게 하고 싶은 말들과 알리고 싶은 일들이 많은 걸까? 지나가는 말이었지만 언젠가 프놈펜에서 보기로 했다.

버스 정류장의 모든 택시기사들의 말과는 달리 모니의 말대로라면 내일 아침 여덟 시에 춤크셍으로 가는 미니버스가 있다고 했다. 모이는 꽤 조심하면서 그 고급정보를 빼 온 것 같았고 그 말을 전할 때 정류장의 택시기사들에게 보이지 않도록 각별하게 조심했다. 하긴 모이나 나나 이곳에서는 결국 타인일 뿐이다. 솔직히 연결편이 없다는 것은 말이 안 되지.

나는 방안에서 티브이를 보며 꽤 이른 마감을 했고 내일을 위해 애써 잠자리에 들었다. 배가 고팠지만 내일 성소를 방문하기 위해서는 몸과 정신과 뱃속을 비우기로 했다.

오늘 캄퐁톰은 조금이지만 흐리기라도 했었는데 이대로라면 정말 나는 비를 만나지 못하고 캄보디아 여행을 마감하게 될지도 모르겠다. 선셋 스토킹을 마감한 이후 나의 대상은 바로 비로 넘어왔다. 현재로써는 당신과의 조우가 거의 가능성이 없어졌지만, 꼭 캄보디아가 아니더라도 어디에서건 반드시 엄청난 당신을 만날 것이다.

그때, 나를 제대로 받아주기를.

---

*

　아침 여덟 시에 미니버스는 떠났다. 혹시나 해서 일곱 시부터 기다렸다.

　터미널의 간이식당에서는 아침부터 많은 운전사들과 사람들이 커피를 마시며 망중한을 즐겼다. 마을 자체가 크지 않다보니 그리고 외지의 사람들이 들어와서 살 정도의 규모가 아니다보니 거의 모든 사람들이 서로 알고 있는 것 같았다. 어렸을 때부터 같이 커 와서 그런지 삼십 대가 넘은 사내들이 아이 같은 장난들을 치곤했다.

　미니버스 기사는 엄청난 집중력과 최첨단의 기술로 그 15인승 버스에 무려 22명의 사람을 태웠다. 나는 그 극도의 일을 사명감이라고 평하고 싶었다. 나를 제외한 모든 사람들과 아이들은 이 작은 우주 안에서 아무도 불평하지 않았다. 오히려 서로 자리를 조금씩 비켜 앉았으며 남의 짐을 자신의 무릎에 올려놓아 다른 사람의 불편을 덜어주었다. 그리고 자신이 그 수고스러움을 기꺼이 도맡았다. 게다가 '웃었다' 라고 하는 것보다 더 크게 즐거워했다. 캄보디아인들에게 배울 점은 너무나 많다.

　춤크셍까지도 두 시간이나 걸렸다. 캄보디아의 최북단으로 가고 있고 바로 너머에 캄보디아에게는 거대왕국인 태국이 있지만 왠지 바다와 맞부딪히는 육지의 끝으로 가는 것 같았다. 버스 안은 누구하나

편하게 가는 사람이 없었지만 심지어 기사의 왼편에도 사람이 앉아 있었다. 어느 하나 불평 섞인 그 어떤 말이나 행동도 하지 않았다. 어린아이들도 마찬가지였다. 춤크셍의 작은 시장 통에는 마침 춤크셍 정도의 햇빛이 내려앉았다. 나는 오늘 하루의 모든 일인 쁘레아 비히어로 가는 교통편을 섭외했다. 나를 태우고 왔던 미니버스는 기다리던 사람들을 태우고 다시 트벵으로 조용히 넘어갔다. 아직 열 두 시도 안 된 시간에 공식적으로 이곳에서 나가는 대중교통은 사라진 셈이다. 마을이 너무 작아 돌아다니는 모토도 없었다. 뚝뚝은 당연히 보이지 않았다. 시장 옆에 있던 숙소에 일단 들렀다. 이곳에 단 한 곳 있는 모양이었다. 겉모습은 번듯했지만 거의 운영은 하지 않는 것 같던 숙소는 오랫동안 사람들이 묵지 않았는지 왠지 마음이 내키지 않았다. 어지럽게 버려진 생수병들이 겨우 보라색 커튼에서 새어나오는 빛에 반사되어 내게 구원을 요청하는 것처럼 보였다. 철물점과 숙소를 같이 운영하는 경우는 처음 보았다. 먼지가 날리는 사거리에서 모토를 섭외했지만 20불을 불렀다. 돌아섰지만 다시 흥정을 하러 오지 않은 것으로 보아 적정가격인 것 같았다. 그리고 그도 딱히 가려고 하지는 않았다. 몇 번의 시도 끝에 시장에서 웃통을 벗어던진 채 휴식을 취하고 있던 일반인과 15불에 흥정을 마쳤다. 그리고 나서도 모토로 한 시간을 넘게 달려 난, 드디어 그곳에 도착했다. 쁘레아 비히어로 들어가는 마을 입구에 생각보다 많은 게스트하우스와 식당들이 보였다.

　　쁘레아 비히어.

그, 크메르의 숨겨진 신전.

　　입장료는 없었고 내가 타고 온 모토는 관리소 입구까지만 들어갈 수 있었다. 관리소에서는 필히 여권을 제출해야 한다. 다시 이곳에서 정식으로 일하는 5불짜리 모토를 타고 또 다른 검문소를 지나 정상에 갈 수 있는 구조. 이른바 지역 경제를 살리는 획기적인 프로그램이었다. 정상까지 올라가는 길은 너무 구불거렸고 가팔랐지만 응당 그래야 했다. 태국 쪽에서 올라가는 길보다 캄보디아에서 올라가는 길의 경사가 더욱 그렇다고 한다. 군데군데 이곳을 지키는 군인들이 있었고 복무중인 군인들은 유사시를 대비하기 위해서 가장 안 좋은 상태인 슬리퍼를 신고 뜻밖에 배구를 하고 있었다. 그들은 내가 보기에도 민망할 정도

로 자유로웠다. 고작 공 하나를 가지고 행복해 했으며 공이 허공을 가를 때마다 무아지경에 빠져 들어가 그들이 집중해야 할 시간은 다름 아닌 배구공과 함께하는 시간임을 증명했다. 그들은 지금 긴장감 넘치는 국경 수비대가 아니라 천국에 와 있는 사람들처럼 환희에 가득 차 공을 하늘 높이 올렸다. 공은 그들의 웃음소리에 묻혀 하늘 위로 점점 떠밀려 가는 희망의 풍선처럼 보였다.

당신들 국경에 있는 군인들이잖아. 저 선만 넘으면 그냥 태국이라고. 정말 조금만이라도 긴장해 주면 안 될까.

쁘레아 비히어의 입구에는 이런 입간판이 있었다.

I HAVE PRIDE TO BE BORN AS KHMER
왜 이런 문구가 대한민국에는 없을까?

용암으로 뒤덮인 흔적의 땅을 지나 신전에 진입했다.

간간이 여행자들이 있다는 얘기는 들었지만 이처럼 아무도 없을 줄은 정말이지 몰랐다. 캄보디아 정부에서 애국 마케팅이라도 해야 하는 건 아닌지 궁금했다. 반대편에는 태국의 국기가 차분하게 나부끼고 있었고 잘 지어진 건물의 태국 초소는 웅크린 채로 무언가 단단히 준비하는 것처럼도 보였다. 유네스코 세계문화유산위원회는 2008년 캄보디아가 신청한 쁘레아 비히어사원을 세계문화유산으로 등재하기로

결정했으며 당시 태국에서 크게 반발하여 실제로 포가 동원된 준 전시 상황까지 치달은 적이 있다. 물론 사망자도 있었다. 불과 몇 해까지 상당한 긴장이 있었다는 이곳에서 캄보디아 측의 관리인들은 그저 단순한 호기심으로 나에게 접근했고 또 편하게 하루를 즐겼다. 전투화의 끈은 느슨했고 주먹의 끝은 단련되지 않았다. 여유라는 것은 군인인 그들에게, 특히 이곳을 지키는 그들의 인생에서 꼭 필요한 덕목은 아니다.

캄보디아와 태국의 땅을 극적으로 구분하는 500여 미터 높이의 당

렉산맥 동쪽 한 가운데의 정상에 세워진 쁘레아 비히어는 크메르 제국의 1002~1049년 시기에 재위한 수리야바르만Suryavarman 1세와 2세가 건립하고 개축했다. 시바의 신을 모시는 대규모 힌두교 사원. 12만평이라는 거대 부지위에 세워진 이곳은 원래 힌두교 은둔자들의 공동체 사원이었다고 한다.

나는 애초부터 문외한이기도 하지만 역사적인 해석을 하거나 미술적인 접근은 하지 않기로 했다. 쁘레아 비히어는 인터넷이나 서적을 통해 얻은 얕은 지식을 가진 나 같은 일반인이 평가를 한다거나 감상을 내 놓을 만한 대상이 아니다. 잉카의 유적들이나 이집트의 피라미드 그리고 마야의 그것들을 볼 때처럼 그저 경배하고 그 절대의 아름다움 앞에 모든 감정을 함축시키고 조아리면 그것으로 하찮은 자들의 알현은 끝나는 것이다.

이들은 곧, 태양의 아들이고 태양의 아버지이며 태양이다.

다섯 개의 사원이 산 정상으로 수백 미터의 거리 안에 계속해서 이어져 있다. 각각 다른 사원에 들어갈 때마다 마치 동굴을 하나씩 통과하여 다른 차원의 세계로 들어가는 것 같다. 나는 비록 해가 정상에 떠 있을 때 방문을 했지만 단언컨대, 비가 올 때 그리고 안개가 자욱한 새벽에 이곳에 온다면 분명히 다른 세계가 보일 것이다.

캄보디아가 가지고 있는 유이한 세계문화유산 두 가지. 앙코르 와트가 캄보디아의 심장이라면 쁘레아 비히어는 캄보디아의 또 다른 심장이자 영혼이다. 앙코르 와트보다 훨씬 고귀하고 품격이 느껴지며 확실히 신비스러운 곳.

나는 그 속에서 산위의 허공으로 지나가는 바람을 맞고 한참을 서 있었다. 어차피 쁘레아 비히어가 목적이었지 신전을 꼼꼼하게 보는 것은 뒷전이었다. 그것은 사막에 마침내 당도하는 것이지 모래를 보는 것이 아님과 같았다. 눈을 감으면 눈 속에

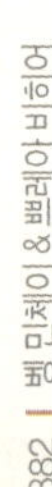

포개진 어둠 속에 모든 것이 흘러갔다. 그 은밀하고 요원한 우주의 시간 안에서 나는 공空이나 무無또는 허虛가 되어 사라져 갔다. 내가 바라보고 있는 저 쁘레아 비히어에게 눈이 있다면 나는 분명히 당신의 눈에 잠시라도 들었을 것이다. 나를 바라보던 당신의 모습. 내가 당신을 보는 것이 아니다. 당신이 나를 담아준 것이다. 나를 굽어 당신의 생명이 이어질 수 있다면 나는 기꺼이 내 몸을 태워 영광으로 삼으리라.

사원에서 일본인들을 만나 아주 운 좋게도 시엠립까지 같이 가는 기회를 얻었다. 택시를 렌트해서 온 그들은 나에게 앞자리를 내어주며 친절하게 동행을 권고했다. 물론 그전에 나는 최대한 시엠립에 오늘 당장이라도 가야한다는 표정을 가지고 말했다. 그렇지 않았더라면 춤크셍

에서 하루를 묵고 어떻게든 교통편을 섭외해서 안롱벵까지 갔다가 내려가야 할 참이었다. 나는 우선 춤크셍에서부터 나와 같이 온 모토기사를 돌려보내야 했기에 산 아래에 있는 관리소로 다시 내려와야 했다.

그들은 선셋을 보기 위해 조금 더 남는다고 했다. 그들이 서쪽 절벽의 끄트머리에 나란히 앉아 있었던 모습은 심지어 눈물이 날 정도로 아름다웠다.

내려오던 내리막 중간 쯤 해가 이제 스스로 숨을 거둘 준비 태세에 들어갔다. 나는 모토를 세울 수밖에 없었다. 구름이 많던 오늘의 서쪽 하늘은 자신의 주군인 해의 죽음을 숨기고 가리려고 모두 숨을 죽이고 기민하고 조심스럽게 모여 들었다. 막판에 잠시 의식을 되찾은 것 같

던 해가 겨우 몇 십 초 동안만 온전하게 나타나 주었다. 쁘레아 비히어 가 등 뒤에 있을 때 난 마지막으로 그 하늘에 떠있던 해를 보았다. 선 셋이라고 하기에는 이른 그것은 다른 세상으로 떠나기 전 먼저 잡다한 기억의 부스러기들은 털고 가려는 듯 이미 오롯하고 정갈하게 모든 것 을 정리하고 말끔하고 말쑥하게 서 있었다. 나와 내 뒤 쁘레아 비히어 와 또 내 앞의 대칭인 또 다른 당신. 난 이 중간지점 즉, 신들의 영역 에 서 있는 셈이었다. 나는 이 지점에서 스스로 굳어 버렸으면 좋겠다고 생각했다. 여기서 굳어진다면 한낱 돌가루나 가루의 먼지로 굳어져도

상관없다고 생각했다. 까짓, 개가 되도 좋았다.

부디, 허락되는 한 그 자리에서 서로를 바라봐 주기를.

나는 갑자기 극도의 허무함에 사무친다.
끝을 만났기 때문이다. 끝에 서 있었기 때문이다.
나는 드디어 안도의 눈물을 흘린다.

캄보디아 아니, 크메르.

캄보디아 사람들에 대한 입장은 좋다 싫다의 문제가 아니다. 나쁘다와 착하다의 문제도 아니다. 시엠립과 프놈펜에서 한식당을 운영하시는 몇몇의 사장님들은 캄보디아인들의 근성에 대해서 저주와 악담을 퍼 부으셨고 그 애기를 다른 분께도 전하니 전적으로 동감하셨다. 물론 현장과 일선에서 그들과 직접 접하며 느끼는 바가 나처럼 주변인으로써의 여행자일 뿐인 사람과 같을 수는 없겠지만 그들의 그런 평가도 물론 무시할 수는 없을 것이다. 하지만 이제까지 느껴왔던 조금은 불확실했던 캄보디아에 대해서 완전히 종지부를 찍기로 했다. 왜냐하면 당연하게도 이들은 저 대단하다는 쁘레아 비히어를 만들었지 않는가. 그 자체로써 크메르인들은 영원히 위대하다.

나는 쁘레아 비히어를 내려오면서 이번 캄보디아 여행을 마감했다.

나는 정점에 올랐다.

시엠립으로 돌아오는 길.

모든 세상에 어둠이 내리
고 나에게 편한 앞자리를 내
어주고 뒷자리에 앉아 불편
함을 감수하던 일본인들은
모두 잠이 들었다. 기사는
조용히 운전대를 잡고 묵묵
히 앞만 바라보았다. 이제
차에서 나오는 빛과 그 반대
편의 것만이 세상에 남았다.

밤, 아직까지 밤의 색이
정확히 어떤 것인지는 모르겠다. 이제부터 밤은 어둠과 만나 모든 것
을 블랙으로 이루어 놓을 것이다. 무게감 또는 시크함 그리고 때론 천
진함과 사춘기적 낭만. 아직 태어나지 못한 미래.
모든 컬러의 결집, 묘하게 얽힌 색의 과거, 미스터 블랙.

고개를 옆으로 돌려 차창에 비친 나의 모습을 보았다.
내 모습은 흐릿하게 창에 투영되어 다시 내게로 돌아왔다.
아직 내리지 않은 빗물에서는 눈물의 맛이 났다.

나도 눈을 감았다.

조용하게 밀려오는 기억. 그 속에 캄보디아가 있었고 모든 것이 서두르거나 급하게 돌아가지 않는 필름처럼 천천히 눈의 배경으로 영사되었다. 차의 덜컹거림은 그 추억으로 가득 찬 화면 속을 적절하게 흘러 지나갔다. 영사되는 불빛은 마치 등대처럼 나와 캄보디아를 연결시켜 주었다.

나는 그 천천히 그리고 구슬프게 흘러가는 시네마 캄보디아를 혼자서 주먹을 깨 물으며 보았다.

뺨을 타고 약간의 물기가 흘렀다.

나는 그것을 눈물이라고 생각하지 않기로 했다.

그것은 이번 캄보디아 여행 때 내가 마신 성수였을 것이다.

난 행복했다.

길을 떠나는 사람들은 안다.

이 행복감이 평상시에 느끼는 이쪽 삶의 그것과는 다르다는 것을.

부피가 다르고 무게가 틀리며 감정이 바뀌는 여행자들의 행복.

여행자는 타고나야만 한다.

기사가 무엇을 눈치 챘는지 나지막하게 캄보디아를 여행하고 난 후의 소회를 물어왔다.

글쎄. 지금 벌써부터 사랑한다고 장담은 못하겠지만, 난 무엇보다 당신이 정말 너무 편했다. 어떻게 보면 이제까지 여행했던 여러 나라 중에서 가장 거리낌 없이 지내왔던 것 같다.

잠을 잘 때도 음식을 먹을 때도 심지어 말도 통하지 않는 사람들과 대화를 나눌 때도 난, 그저 평상시와 다름없는 자세를 유지했고 마음을 가졌으며 같은 눈으로 보았던 것 같다. 스떵뜨렝을 지나 *끄라체*에 도착할 때 즈음에는 캄보디아에서 여행을 하고 있는 나를 알아차리지 못하곤 했다. 그만큼 편했고 마음을 놓았다. 나의 정신은 항상 같았다.

편하다는 것은 때론, 좋아한다는 것보다 좀 더 가치 있고 속 깊은 감정이 아닐까.

편하다는 것은 결국, 당신과 나 사이에 가장 오랫동안 남아 있을 그리고 그래야 할 마지막 마음의 증거가 아닐까.

평화와 자유 그리고 그 너머의 설명하기 어려운 공허감. 내가 쫓고 있으며 내게 있어 가장 큰 삶의 목적들. 그것을 당신은 나에게 주었다. 아무런 대가 없이 고스란히 그리고 내가 미처 반응을 하기도 전에.

한국으로 돌아가면 곧, 봄이다.
봄은 오는 것이 아니라 그저 기다리는 것이다.
아마, 봄이 천천히 움직인다면
어쩌면 생각했던 것보다 빨리 당신에게 올지도 모르겠다.

캄보디아에 다시 오면 난 당신과 함께 살 것 같다.
우리 프놈펜에서 같이 살자.
아주 오래도록.

허락해 줘.

에필로그

프놈펜에서의 생활 중에 다시 여행자 모드로 잠시 전환, 바다의 끄트머리에 있는 캄폿과 까엡을 다녀왔다. 캄폿이나 까엡의 극도의 한적함은 끄라체나 캄퐁참과 비슷한 부분이 많았지만 어딘지 그곳들과는 꽤 먼 거리에 있는 곳 같다는 생각도 들었다. 아마 강과 바다의 차이였을 것이다. 캄보디아는 남쪽에서도 끝까지 나를 잡아 두었다. 베트남 여행이 이상하리만큼 끌리지 않지만 만약 다시 베트남을 가게 된다면 베트남 남부로 이어지는 캄폿은 그때 나의 전초기지가 될 것이며 프놈펜, 몬둘끼리와 더불어 가장 캄보디아에서 좋았던 곳으로 기억될 것 같다. 물론 프놈펜에서의 생활도 끝까지 좋았다. 내가 떠난 이후 곧 닥쳐올 엄청난 더위 그리고 이후의 우기는 나의 과도한 프놈펜에 대한 애정에 맞서지 못할 것이다.

이제 곧 캄보디아를 떠난다. 비행기 안이었지만 밤에 떠나는 것은 모든 것을 가라앉히고 많은 것을 내려놓게 했다. 내가 태어난 곳은 프놈펜 그리고 캄폿은 내 유년기의 고향. 몬둘끼리는 내 미래를 묻어 둔 곳. 라오스나 미얀마를 떠날 때와 멕시코와 페루를 돌아설 때도 이처럼 미묘하게 편안한 마음은 아니었다. 아쉬움, 미흡함 그리고 많은 미안함들 보다는 안도감과 안정감 그리고 안락함이 먼저 스며들었다. 그런 마음들이 저 아래에서 모두 빛나고 있었다. 멀리 보이던 그동안의 캄보디아에서의 모든 불빛들은 미약했지만 조금이라도 웃어주었다.

나는 쁘레아 비히어에서 시엠립으로 돌아올 때처럼 비행기의 창문에 비친 내 모습을 보았다. 나는 미세한 엔진 소리를 들으며 다시 한 번 캄보디아 여행을 정리해 보았다. 모든 것이 어두운 하늘 속으로 잠겼다가 다시 하늘 위로 떠오르곤 했다. 어떤 것은 멀리 차분하게 떠나갔고 또 어떤 것은 나에게 매달렸다. 내가 붙잡은 것도 있었다. 모든 장면들이 가득 들어왔고 모든 것이 눈 속에서 한꺼번에 섞였다.

바탐봉에서는 미스터 필레의 웃는 모습과 고통스런 얼굴이 동시에 떠올랐다.

뽀삿에서 만났던 아키라의 속눈썹과 톤레의 가장자리도 달무리에 이윽고 여울졌다.

캄퐁참에 도착하자마자 메콩에서 벌어지던 배들의 삶의 전투도 보였다. 하지만 캄퐁참은 어쩌면 가장 먼저 메콩을 보여준 곳이기도 했다.

캄퐁톰의 삼보 프레이 쿡에서는 호젓한 신전 아니, 피라미드를 즐겼다. 나는 그 숲속에 조용히 있는 내 모습을 조각했다.

시하눅빌에서 본 거대한 인간의 인파는 그대로 받아들이기로 했다. 따지고 보면 그런 것은 내가 어찌할 도리가 있는 것이 아니었다.

스떵뜨렝의 아침나절은 이번 캄보디아 여행의 가장 아늑한 시간이
었던 것 같다.

반룽의 키요 그리고 닌. 좋은 친구들이었고 물론, 그런 시간이었다.
나는 확실히 캄보디아의 동북쪽 끝에 있었다.

끄라체, 역시 저녁시간의 강변 산책은 이번 캄보디아 여행의 격을
조금도 떨어뜨리지 않았다.

센모노롬은 아니 몬둘끼리의 언덕은 확실히 최고였지 않을까. 공기
는 확실히 차가웠지. 바람은 온유했고.

쁘레아 비히어를 본 것은 어쩌면 아마 나의 다른 삶에서였을 거야.

프놈펜 위를 날고 있는 나는 다시 한 번 여행자의 길로 들어설 수
있을 것 같은 생각이 미친다. 나는 이제야 캄보디아 여행한 것을 깨닫
는다.

Love, peace & empty.....

Special thanks

이승종, 최정남, 김관수
홍유진, 김좌상, 정의은
그리고
조웅호 님

安, 캄보디아

초판 인쇄 2013년 11월 10일
글·사진 정의한
표지디자인 박지숙·이 곤
펴 낸 이 정의한
펴 낸 곳 출판 나다
출판등록 2010년 7월 5일
주　　소 서울시 마포구 서교동 401-19 203호
　　　　　T. 010-9146-3959
전자우편 jjwaits@naver.com
디 자 인 지홀릭
찍은 곳 (주)현문자현
ISBN 978-89-964756-2-0 03980

값 13,800원